全国电力行业"十四五"本科规划教材

核电技术与控制工程专业系列教材

U0748580

压水堆核电厂
堆芯检测原理及仪表

主　编　钱　虹
副主编　杨　婷　查美生
参　编　李树成　苏晓燕
主　审　邓　鹏

中国电力出版社
CHINA ELECTRIC POWER PRESS

内 容 提 要

本书为核动力相关堆芯测量教材，书中介绍了通用性压水堆的测量原理及检测技术的有关内容。

全书共分为 7 章，系统地阐述了压水堆的中子注量率、堆芯冷却剂温度、压力容器液位以及控制棒棒位的检测原理、检测技术以及测点布置，并从反应堆检测的高可靠性和反应堆仪表的安全性要求出发介绍了仪表的可靠性分析和设计的原则。各章均含有详尽的举例计算和实验，以加深对抽象化检测原理的理解和应用。

本书可作为普通高等教育本科核电技术与控制工程专业、测控技术与仪器专业的教材，也可作为从事上述学科领域的工程技术人员的参考资料。

图书在版编目（CIP）数据

压水堆核电厂堆芯检测原理及仪表/钱虹主编 . —北京：中国电力出版社，2023.9
ISBN 978 - 7 - 5198 - 6870 - 3

Ⅰ.①压… Ⅱ.①钱… Ⅲ.①压水型堆－核电厂－堆芯－检测 ②压水型堆－核电厂－堆芯－测量仪表 Ⅳ.①TL351

中国国家版本馆 CIP 数据核字（2023）第 068881 号

出版发行：中国电力出版社
地　　址：北京市东城区北京站西街 19 号（邮政编码 100005）
网　　址：http://www.cepp.sgcc.com.cn
责任编辑：吴玉贤（010 - 63412540）
责任校对：黄　蓓　王小鹏
装帧设计：张俊霞
责任印制：吴　迪

印　　刷：廊坊市文峰档案印务有限公司
版　　次：2023 年 9 月第一版
印　　次：2023 年 9 月北京第一次印刷
开　　本：787 毫米×1092 毫米　16 开本
印　　张：7.75
字　　数：191 千字
定　　价：32.00 元

版 权 专 有　侵 权 必 究
本书如有印装质量问题，我社营销中心负责退换

前　言

堆芯的检测原理和技术是正确认识反应堆运行状态的基础，也是构成仪表必不可少的内容，特别在核电数字化进程中对于反应堆工程有着举足轻重的作用。对于核动力堆，其运行人员必须具有足够的信息来监控核反应堆安全性和经济性，这意味着必须用核反应堆仪表准确无误地检测出一定的运行变量的数值，主要包括核反应堆总功率、冷却剂入口温度、冷却剂出口温度、压力容器水位，以及对反应堆芯反应性控制的控制棒棒位等。

随着地球气候变暖，世界各国都采取相应措施减少温室气体排放。在第十三届全国人民代表大会第四次会议上，《2021年政府工作报告》提出"扎实做好碳达峰、碳中和各项工作。制定2030年前碳排放碳达峰行动方案。优化产业结构和能源结构。推动煤炭清洁高效利用，大力发展新能源，在确保安全的前提下积极有序发展核电。"目前我国在研、在建或已投入使用的第三代压水堆核电厂，堆芯测量向着一体化和集成化方向发展，如华龙一号的堆芯中子注量率 - 堆芯冷却剂出口温度 - 压力容器内水位一体化探测器等，因此加强对堆芯不同物理量检测原理和技术的了解，无论从适应我国堆芯检测的快速高水平发展，或是核电厂的快速发展，都势在必行。

本书对压水堆堆芯核心物理参数的测量原理技术展开分析，包括中子注量率检测、堆芯冷却剂温度检测、压力容器液位检测；同时，考虑到控制棒在堆芯控制和保护中的重要性，本书介绍了控制棒棒位的测量原理和技术，以及从不同需求出发的堆外核测系统和堆内核测系统；本书还介绍了最新的热电阻液位传感器，它在发生堆芯事故的情况下，仍能保证对压力容器液位的准确检测，以便及时采取应急措施，减少反应堆熔融导致的放射性泄漏危险。

本书在编写过程中参阅了一些国内外公开发表的专著与论文，并得到核电行业有关专家及同行的支持与帮助，在此谨致谢意。

本书由上海电力大学钱虹主编，查美生、杨婷副主编，李树成、苏晓燕参编。钱虹编写了概述和第6、7章，杨婷编写第2～4章，查美生编写第5章，李树成参与编写了第2章部分内容，苏晓燕参与编写了第3章部分内容。本书编写过程中清华大学查美生教授给予了全程指导，中核控制系统工程有限公司高级工程师邓鹏作为主审专家提出了许多宝贵的建议和意见，提升了本书的质量，在此深表感谢。

由于编者的学识和水平所限，加之实践经验不够，因此疏漏之处在所难免，敬请广大读者、专家和学者批评赐教，联系邮箱：qianhong.sh@163.com。

编　者
2023 年 9 月

目　录

1 概　述

仪表和控制系统简称仪控系统，是核电厂的中枢神经系统，用于实现对电厂的保护、控制和监督。仪控系统通过检测仪表和传感器采集电厂中的温度、压力、流量、液位、中子注量率等物理参数，经过信号处理、数学运算、逻辑判断后，向核电厂设备（如阀门、加热器、控制棒驱动机构）发出控制命令。同时，仪控系统向包括主控制室操纵员在内的核电厂运行人员显示核电厂及系统的各种参数等运行信息，为操纵员提供干预电厂运行的手段。因此作为核动力堆的核心动力源的反应堆，运行人员和控制系统必须具有足够的信息来安全、经济地控制核反应堆，这意味着必须用核反应堆仪表检测出一定的参数，包括基本的反应堆堆芯功率、冷却剂入口温度、冷却剂出口温度、系统压力、压力容器和稳压器水位等。一般来说，核动力堆用的仪表（特别是堆芯检测仪表）的最小使用寿命必须等于两次换料停堆之间的时间间隔，而且为了提高其安全可靠性必须冗余等方面的设计。

压水堆核电厂堆芯测量系统包括堆芯中子注量率测量和堆芯冷却监测系统两部分，用于测量反应堆中子注量率分布、堆芯冷却剂出口温度、压力容器水位等信号。

堆芯中子注量率测量系统用于测量反应堆堆芯的中子注量率分布，提供反应堆的功率分布情况，监测堆芯功率畸变，积累燃耗数据，对核电厂的安全运行起到重要的作用。堆外核测仪表系统测量堆芯功率信息，保证连续监测反应堆功率，通过检测中子注量率，为反应堆提供启动和超功率保护，确保核电站的安全；堆内测量系统监测堆芯各处的中子注量率和堆芯的出口温度。全部堆芯中子注量率信号送至堆芯在线监测系统，形成堆芯功率的三维分布，支持堆芯运行优化。堆芯中子注量率信号还用于堆外核测量仪表信号的校正。堆芯出口温度信号用于监测堆芯过冷度以及事故后的堆芯出口温度。

堆芯冷却监测系统的功能为堆芯温度测量与压力容器内水位测量，该系统是事故后监测系统的重要组成部分，通过测量得到的一回路压力、堆芯饱和温度裕度及冷却剂水位等参数为操作员提供一回路的状态信息。测点示意如图 1-1 所示。

二代/二代加压水堆核电厂仍是当代核电的主力军，所以二代/二代加压水堆核电厂还会在较长时期发挥作用并得到改进，二代/二代加压水堆核电厂堆芯仪表的国产化仍是迫切的任务。目前，部分三代压水堆核电厂已进入并网发电阶段。由于核电安全的高要求，核电技术的发展必然是一个渐进的过程，三代压水堆核电厂的仪表技术与设备也在不断进步和巩固。

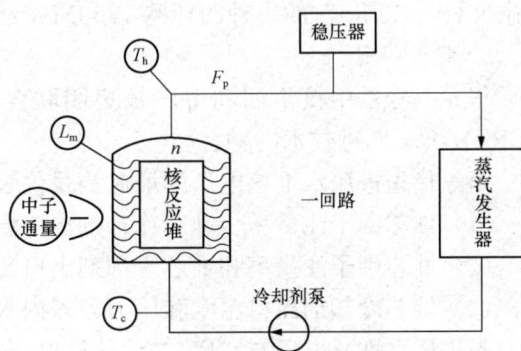

图 1-1　测点示意

L_m—冷却剂液位；n—中子注量率；

T_h—热端温度；T_c—冷端温度

本书中的压水堆核电厂堆芯测量原理与仪表的应用范围除二代/二代加以外，还包括我国在研、在建或已投入使用的第三代压水堆核电厂，主要包括以下类型。

1. AP1000

先进非能动型压水堆（Advanced Passive Plant，AP1000）是西屋电气公司设计开发的、满足美国"先进轻水堆用户要求文件（URD）"的一种两环路1000MW级压水堆。设计寿命为60年。AP1000核电厂的主回路系统和设备均采用成熟的电厂设计，主要安全系统采用简化的非能动设计，大大提高了安全性和经济性。针对可能发生的严重事故，设计中设置了多种预防与缓解措施；在仪控方面，采用了数字化仪控系统和先进主控制室设计。与以往核电厂的建造不同，AP1000采用模块化建造技术，从而提高了建造质量，有利于现场施工及缩短建造周期。

2. ACP1000 系列

ACP1000（Advanced China PWR）是中国核工业集团有限公司（简称中核集团）根据CNP650研制出来的，也有向着EPR靠近，融合了好些AP1000的非能动理念，是具有自主知识产权的百万千瓦级先进压水堆核电技术。

ACPR1000＋是中国广核集团有限公司（简称中广核集团）研发的具有自主知识产权百万千瓦级先进压水堆核电技术。

3. CAP1400

CAP1400是国家核电技术公司在引进西屋电气公司AP1000核电技术的基础上"引进、吸收、消化、再创新"开发的先进压水堆核电机型。

4. EPR

欧洲压水堆（european pressurized reactor，EPR）核电厂是面向21世纪的新一代改进型压水堆核电厂，吸收了压水堆多年发展的设计、建造和运行经验，充分考虑到了当前工业水平并采用了先进的技术，电厂总体安全水平、电厂可用性得到显著提高，总体设计目标和安全指标都达到了先进压水堆核电厂的要求。

EPR是AREVA和SIEMENS联合设计开发的满足欧洲"欧洲用户对轻水堆核电厂的要求文件（EUR）"的一种四环路1750MW级压水堆。

5. 华龙一号

华龙一号是中核集团和中广核集团联合打造的先进压水堆核电机型，是ACP1000和ACPR1000＋两种技术的融合。

第三代先进压水堆核电厂的堆芯测量仪表与装置以集成为主，有下列几种类型：

（1）堆芯中子注量率、堆芯冷却剂出口温度、压力容器内水位一体化探测器；

（2）堆芯中子注量率和堆芯冷却剂出口温度一体化探测器；

（3）堆芯冷却剂出口温度和压力容器内水位一体化探测器。

先进压水堆核电厂与二代/二代＋核电厂在堆芯测量装置上的最大差异在于，先进压水堆核电厂的反应堆压力容器底部不再开孔，所有需伸入堆芯的仪表仅通过压力容器顶盖上的贯穿件来实现，从而提高了压力容器的完整性，减小了堆芯失水概率，提高了核电厂的安全性。此外，先进压水堆核电厂基本采用堆芯中子注量率的在线连续监测，具有更好的实时性。

除第三代压水堆外，第三代核电技术还包括先进重水堆、先进沸水堆等。目前，压水堆核电厂是我国商用核能发电技术的最重要组成，先进压水堆核电厂堆芯测量仪表与装置的国产化是我国核电技术国产化的关键之一。包括自给能中子探测器、压力容器内水位测量传感器和压力容器内加热式热电偶液位计等探测器在内的多项国产化堆芯测量装置在加速研制之中，部分测量装置及系统已通过技术验收。

　　本书重点展开对压水堆核电厂堆芯测量原理和技术的分析，具体包括中子注量率检测、堆芯冷却剂温度检测、压力容器液位检测以及控制棒棒位检测，并从反应堆仪表的安全性要求出发介绍了仪表的可靠性分析和设计。本书为新一代核电反应堆的仪表的认识、研制和发展奠定理论基础，具有参考价值。

2 中子注量率检测

中子注量率的检测依赖于辐射探测。电离辐射测量是利用辐射探测器获取致电离的粒子或辐射场的种类、径迹、能量、强度等物理特征的技术。目前，电离辐射测量技术在核物理、粒子物理、天体物理、生物学、医学、考古学、环境勘探、国家安全等诸多领域均具有重要应用。

电离辐射测量技术的发展史与人类对微观粒子的认知历史密不可分。尽管由地表天然放射性核素衰变以及宇宙射线构成的天然本底充斥着我们的生存环境，然而直到十九世纪末，随着 X 射线和天然放射性的发现，人们才开始了对电离辐射现象的科学理解。首届诺贝尔物理学奖的获得者伦琴（Wilhelm C. Röntgen）在研究 X 射线的过程中观察到了空气在被辐照后所具有的导电性，这一发现为日后广泛应用的气体探测器奠定了基础。随后，人们用硫化锌制成了原始的闪烁体探测器对放射性现象进行观察。1898—1902 年间，居里夫妇利用静电计和自制的电离室分离并提纯了放射性同位素钋和镭。1908 年在卢瑟福（Lord Ernest Rutherford of Nelson）的指导下，盖革（Hans Geiger）发明了盖革计数管，并于 1928 年与米勒（Walther Müller）一起将其改良成盖革 - 米勒计数器（Geiger - Müller counter）。盖革 - 米勒计数器被应用于查德威克（Sir James Chadwick）发现中子以及费米（Enrico Fermi）发现中子慢化现象等著名的中子物理实验中。20 世纪 50 年代以来，半导体用于辐射测量的技术得到迅速发展，并在许多辐射探测领域取得重要成就。随着核科学研究的深入和核技术应用范围日益扩展，人们对电离辐射测量提出了新的要求，辐射测量仪器仪表技术也在不断发展。

中子探测属于辐射探测技术的范畴。在现代核电厂中，采用中子测量仪表对核反应生产的中子进行探测，并监督中子注量率的分布和变化情况，向反应堆核仪表系统提供运行数据或保护信号，从而保障反应堆在各种工况下的安全运行。反应堆核仪表系统是核电厂仪表与控制系统的重要组成，本章将着重介绍核中子注量率测量的基本原理以及中子注量率测量仪表在压水反堆核电厂中的应用。

2.1 电离辐射探测的主要方法

不带电的粒子和辐射无法被直接探测，但它们可以与辐射敏感物质发生相互作用从而被间接探测到，根据不同的相互作用过程可以制成基本原理不同的辐射探测器。在核工程领域，电离辐射测量的常见对象包括中子、γ 射线、α 射线、β 射线、X 射线等，多种不同原理的辐射测量技术被应用在不同工作环境中对上述粒子和辐射进行探测。从探测的内容看，辐射测量技术可以分为粒子鉴别、能谱分析、径迹探测、强度测量等种类；从传感器的辐射敏感材料来看，辐射探测器可以分为气体探测器、闪烁体探测器、半导体探测器、乳胶探测器、液体探测器、超导体探测器等。

辐射探测器是利用辐射与物质的相互作用制成的。粒子或辐射要被探测到，需要与辐射敏感材料发生作用并在探测器内沉积一定能量。带电粒子与物质相互作用的主要机制是引起电离和激发，对带电粒子的探测往往可以通过测量电离产生的离子实现；不带电的粒子或辐射可以与物质相互作用产生带电粒子，通过对这些次级带电粒子的电离产物进行测量可以实现对中性粒子或辐射的间接探测。

1. 带电粒子与物质的相互作用

带电粒子在穿越物质的过程中损失动能，使靶原子发生电离和激发。由物理学理论推导和实验结果可知，入射粒子在物质中的能量损失与入射粒子的电量、质量、速度（动能）以及靶物质原子的电量、质量、状态等因素有关，且重带电粒子与电子的能量损失的主要途径不同。

α粒子等重带电粒子主要通过库仑力与靶原子的核外电子发生相互作用。在碰撞过程中，入射重带电粒子损失的动能使靶原子的核外电子激发至高能级或直接电离生成电子-离子对。对于重带电粒子，这种碰撞过程发生多次，其速度逐渐降低直至与靶物质达到平衡，在介质中的"路径"近似于直线，图2-1展示了云室记录的α粒子引起伴随着雪崩现象的电离径迹。

与重带电粒子相比，电子质量较小，因此在与靶物质原子碰撞并损失自身能量的概率更低，在介质中的运动径迹也更加曲折和不规律。此外，高能β粒子在运动状态变化的过程中可能会伴有轫致辐射，这一点对于α粒子并不明显。

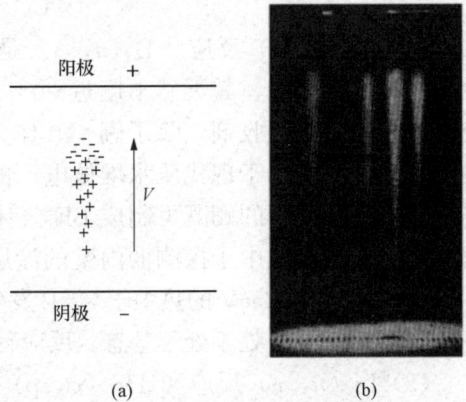

图2-1 入射云室的α粒子引起的电子雪崩电离径迹
(a) 理论图；(b) 实验图

2. 光子与物质的相互作用

作为不带电的辐射，光子的探测主要依靠对光子与物质相互作用产生带电粒子所引起的次级电离的探测来实现。与带电粒子与靶物质的作用不同，光子在与物质的相互作用的过程中或者立即被完全吸收，或者以较大角度发生散射。

以γ射线为例，其主要作用方式分为光电效应、康普顿效应、电子对产生三种，不同方式发生的概率主要与光子的能量以及靶物质的原子序数有关，作用后γ射线的全部或部分能量转换为电子的能量。

3. 强子与物质的相互作用

强子与物质的相互作用方式主要是强相互作用，其截面除了与强子的种类、介质种类以及作用方式有关外，往往还具有依赖于强子能量的特点。

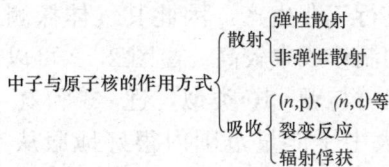

图2-2 中子与原子核的作用方式

中子探测是本书的主要讨论对象。中子不带电，几乎不与靶物质发生电磁作用，其作用方式主要包括散射和吸收两大类（见图2-2）。许多研究提出了不同模型以解释原子核与中子间的核反应过程。

弹性散射可以用经典物理学的弹性球碰撞模型来解释，在这一过程中，中子与靶核的总动量和动能守恒，这也是发生在热中子反应堆中的主要中子慢化过程。非弹性散射的过程相对复杂，主要发生在快中子或中能中子与大质量靶核碰撞的过程中，通常认为在这一过程中入射中子被靶核吸收形成激发态的核，而后靶核迅速退激并释放中子和γ射线。

物质吸收中子后可产生不同的核反应，例如一些轻核吸收中子后会释放一个质子；硼和锂吸收中子后会释放α粒子；铀和钍的某些同位素吸收中子可发生核裂变。此外，物质吸收中子后也可产生放射性同位素，其衰变过程中往往会释放α射线、β射线或γ射线。

本节着重介绍核工程领域热中子探测常用到的核反应，包括中子与硼-10、锂-6的核反应以及与铀-235等的裂变反应；对于快中子的探测，可以先将其慢化至热区再进行探测，亦可利用核反冲法、阈能法对其进行直接探测。

$$\ce{^{10}_5B} + \ce{^{1}_0n} \rightarrow \begin{cases} \ce{^{7}_3Li} + \ce{^{4}_2He} + 2.792\text{MeV（基态）} \\ \ce{^{7}_3Li^*} + \ce{^{4}_2He} + 2.310\text{MeV（激发态）} \end{cases} \tag{2-1}$$

（1）$^{10}\text{B}(n,\alpha)$ 反应。$^{10}\text{B}(n,\alpha)$ 是探测热中子的最常用核反应之一。硼-10是硼的两种天然同位素之一，其天然丰度近20%。由于硼在自然界中含量丰富，因此硼-10是一种较易获得的中子吸收剂，除了硼-10作为常用的热中子探测器灵敏物质外，硼酸还作为可溶性毒物被广泛应用于现代压水堆核电厂的反应性控制。为提高探测器的灵敏度常常对硼-10进行富集，富集后的硼既可制成BF_3气体作为气体探测器的工作气体，也可以氧化硼或碳化硼的固态形式制成中子探测器内壁的涂层。

当能量为0.025eV的热中子与^{10}B发生反应时，生成^{7}Li和α粒子，约94%的^{7}Li处于激发态，另外6%的^{7}Li处于处于基态。反应释放远大于入射中子的能量并转化为反应产物的动能。

（2）$^{6}\text{Li}(n,\alpha)$ 反应和 $^{3}\text{He}(n,p)$ 反应

$$\ce{^{6}_3Li} + \ce{^{1}_0n} \longrightarrow \ce{^{3}_1H} + \ce{^{4}_2He} + 4.78\text{MeV} \tag{2-2}$$

$$\ce{^{3}_2He} + \ce{^{1}_0n} \longrightarrow \ce{^{3}_1H} + \ce{^{1}_1p} + 0.764\text{MeV} \tag{2-3}$$

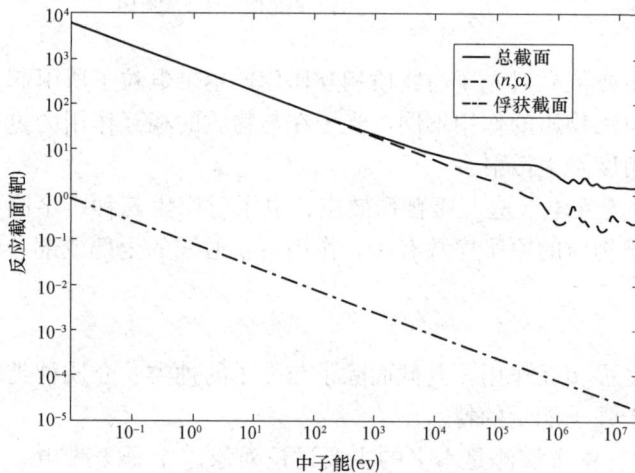

图2-3　硼-10的反应截面

锂-6是一种常用的中子探测材料，其天然丰度为7.4%。与硼-10相比，锂-6与热中子反应的截面较小，但反应能量更高，常富集后涂装在电离室内壁制成热中子探测器。氦-3也是常用的中子探测器材料，且应用前景广阔，它与热中子的反应截面高达5330b（靶），可作为中子探测器的工作气体，但由于自然界中天然同位素的储量极低，氦-3的来源主要依靠核反应进行工业生产，因此其气体探测器的制作成本较高。由图2-3可以看出，与硼-10类似，锂-6和氦-3与中子的反应截面随中子能量增大而迅速减小，且在很大中子能量范围内很好地服从1/v律。

（3）裂变反应

$$\ce{^{235}_{92}U} + \ce{^{1}_0n} \rightarrow \ce{^{A1}_{Z1}X} + \ce{^{A2}_{Z2}Y} + \ce{^{1}_0n} + Q \tag{2-4}$$

铀-235、铀-233、钚-239等易裂变材料可以吸收热中子发生裂变反应（裂变反应截面见图2-4），这些裂变反应的特点是反应释放巨大能量并转换为裂变碎片的动能（$Q \approx 200\mathrm{MeV}$），因此利用这类材料制成的探测器对于中子可以输出远高于其他辐射引起的脉冲信号。许多大型压水堆核电厂在堆芯安装有铀-235涂层的气体探测器，以将中子产生的信号与堆内较强的γ本底区分开来。

除了上述几种物质外，钆-157、铟-115等多种物质都可作为中子探测材料，本书不再一一列举。选择探测器材料时，人们在考虑生产制造成本的同时总是希望获得更高的探测效率以及灵敏度，因此倾向于选择中子吸收截面较高和反应能量较大的物质作为中子探测器的灵敏物质。

辐射测量装置和仪表应用广泛、种类繁多。根据相互作用物质种类的不同，表2-1列举了核工程与技术领域部分常用的辐射探测仪表。在压水堆核

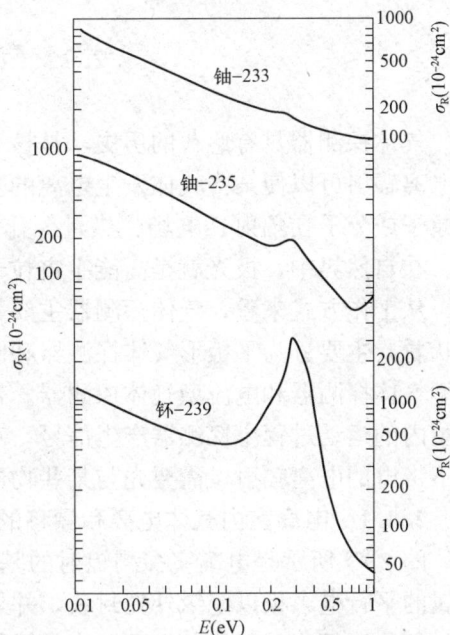

图 2-4　^{235}U、^{233}U、^{239}Pu 裂变反应的截面

电厂中，电离室、正比计数管、自给能探测器等可用于堆芯内和堆外中子注量率的探测，G-M计数管、半导体硅探测器和热释光探测器等常用于厂内个人剂量仪等辐射监测装置的制造。

表 2-1　　　　　　　　　　　　　核工程领域辐射探测器

类型	基本原理	常用探测器
气体探测器	气体电离	电离室 正比计数管 多丝正比室 漂移室 G-M计数管 各种微结构探测器（micropattern gas detectors） 流光管 火花室 云室、气泡室
半导体探测器	固体电离（能带理论）	硅探测器 硅漂移室 硅锂漂移探测器 高纯锗探测器 化合物半导体探测器
闪烁体探测器	闪烁体受激发光	无机闪烁体：NaI、CsI、ZnS、$Bi_4Ge_3O_{12}$、BaF_2、玻璃闪烁体等 有机闪烁体：蒽晶体、聚合塑料、液体闪烁体
其他		自给能探测器 核乳胶 热释光探测器 液体电离室

2.2 气体探测器基本原理

气体探测器具有悠久的历史，是核工程领域应用最为广泛的辐射探测器。气体探测器利用电离辐射可以使某些气体发生电离的基本原理对辐射进行测量，气体的电离是指中性的气体原子或分子在辐射、电场、热量等作用下失去电子，从而形成自由的电子和正离子的过程。在自然界中，极光就是高能宇宙粒子在地磁场的作用下使大气电离并激发发光的现象。

从工作方式来看，气体探测器主要分为电离室、正比计数管、G-M 计数管等；从结构形状看，主要分为平板形气体探测器和圆柱形气体探测器；从信号采集方式看，主要分为脉冲型气体探测器和电流型气体探测器。带电粒子可以使探测器内的气体电离，离子或电子在气腔内的运动过程令探测器产生信号，对信号进行处理并输出就完成了探测过程。对于中子等不带电的电离辐射，需要先与某些物质发生作用生成次级的带电粒子，再进行上述过程。

2.2.1 电离室内气体电离和漂移的过程

图 2-5 所示是电离室探测辐射的基本探测过程，图 2-6 所示是平板电离室原理示意。金属的平行电容板以绝缘外壳封装，并外接直流电源，导线与绝缘外壳的接触处用绝缘环密封。辐射源发出的射线与探测器内的灵敏物质反应后，产生的次级带电粒子电离工作气体，生成的电子和离子携带了入射辐射的能量或强度等信息，称为载流子。载流子在外加电场的作用下分别向阳极和阴极运动，进而在外电路形成输出信号，这是一个复杂的过程，涉及原子物理、电磁学、气体动力学等多方面的知识，本书仅就一些与核工程领域应用相关的结论做简要介绍。

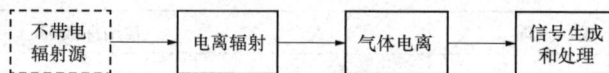

图 2-5 电离室探测辐射的基本探测过程

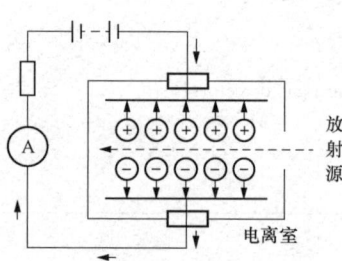

图 2-6 平板电离室原理示意

当粒子或辐射进入气体探测器的灵敏体积内后，若其能量高于工作气体的第一电离电位，则可使工作气体原子的电子获得足够能量脱离原子核的束缚，形成自由的电子和正离子。在这一过程中入射粒子的能量被损耗并沉积在探测器中，使中性的气体原子转化为带电的电子和离子。设某个入射粒子在电离室内使 N 个气体原子电离，显然有 $N=N^-=N^+$，即电离的电子-离子对数目与电离产生的电子和正离子数目分别相等。

被探测辐射在气体探测器中与气体直接作用所引起的电离称为初级电离，在初级电离产生的电子和离子中，只有极少一部分电子和离子具有足够的能量能够引发新一轮电离，这部分电子称为"δ电子"，由初级电离产物引发的电离称为次级电离。对于电离室，次级电离的比例较小，一般在计算入射粒子所生成的电子-离子对总数时不对初级和次级电离加以区分，所计算的电离产量便是二者的总和。入射粒子产生一个电子-离子对所消耗的平均能量称为平均电离能，记为 W。此外，入射粒子在探测器内损失的能量并不完全用于气体电离，电离过程往往伴随着气体原子的激发，即核外电子吸收能量后并未脱离原子的束缚，而是跃迁到高能级又退激，因此气体的平均电离能往往高于它的第一电离电位，见表2-2。理论上，平均电离能与气体的种类、辐射的种类和能量有关；但对于气体来说，平均电离能的值与气体种类有关，但对辐射的种类和能量变化并不敏感，即使是不同种类的气体，其平均电离能的差别也不大，大多在25～35eV/对这一范围内。在测得某种气体的平均电离能 W 后，若入射粒子的总能量为 E 且在电离室内损失所有能量，那么电离产生的电子-离子对数目 N 为

$$N = \frac{E}{W} \tag{2-5}$$

需要注意的是，此处计算得到的电离产生的电子-离子对数目 N 是一个平均值，实际上能量一定的入射粒子产生的电子-离子对数目是一个随机量，它出现的概率密度服从法诺分布，因此外电路采集到的电信号脉冲幅度也是具有涨落的，这一点对于脉冲型电离室的信号处理十分重要。

表2-2 一些气体的第一电离电位和平均电离能

气体	第一电离电位	W 值（eV/对）	
		快电子	α粒子
H_2	15.6	36.5	36.4
He	24.5	41.3	42.7
CH_4	14.5	27.3	29.1
N_2	15.5	34.8	36.4
O_2	12.5	30.8	32.2
Ar	15.7	26.4	26.3
空气	—	33.8	35.1

在不存在外加电场的情况下，气体探测器内由于电离产生的电子和正离子在气体中自由运动，并和气体分子或原子不断地碰撞，处于平衡状态。此时正负离子与中性气体原子或分子的主要物理现象包括扩散、电荷转移效应、电子吸附、复合（见图2-7）。

（1）扩散。在气体中电离粒子的密度是不均匀的，初级电离处密度大。由于其密度梯度而造成的离子、电子的定向运动称为扩散。正负离子扩散的粒子流密度可用斐克定律描述，电子的平均自由程和乱运动的平均速度都比离子的大，因此其扩散系数比离子的大，因而电子的扩散效应比离子的严重。

（2）电荷转移。电荷转移效应是指正离子与中性的气体分子碰撞时，正离子与分子中的一个电子结合成中性分子，中性气体分子成为正离子的现象。这一效应在混合气体中比较明显。

（3）电子吸附。电子在运动过程中与气体分子碰撞时可

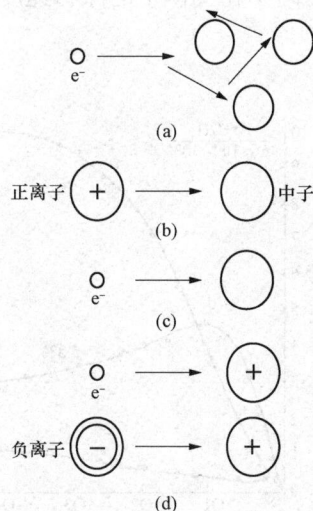

图2-7 电子和离子在探测器中的行为示意

(a) 扩散；(b) 电荷转移；

(c) 电子吸附；(d) 复合

能被气体分子俘获，形成负离子，这种现象称为吸附效应。在与气体分子发生的每次碰撞中，电子都有可能被俘获，这个概率称为该气体的吸附系数 h。$h > 10^{-5}$ 的气体称为负电性气体，例如 O_2、H_2O 的吸附系数约为 10^{-4}，卤素的吸附系数约为 10^{-3}；一般把 $h < 10^{-6}$ 的气体称为非负电性气体，如惰性气体、H_2、N_2、CH_4、多原子分子气体等。电子被俘获形成负离子，其运动速度远小于电子，与正离子发生复合的概率大大增加，因此气体探测器的工作气体应尽量选择吸附系数小的气体。

（4）复合。当电子或负离子与正离子相遇时可能复合成中性的原子或分子。复合效应会使可用的载流子和有用的信号减少，因此对于探测器正常工作往往是不利的。一些气体的复合系数见表 2-3。

表 2-3   一些气体的复合系数

气体	电子复合系数 α_e (cm^3/s)	离子复合系数 α_i (cm^3/s)
A_r	8.8×10^{-7}	—
H_e	1.7×10^{-8}	—
H_2	5.9×10^{-11}	1.5×10^{-6}
N_2	1.4×10^{-6}	—
O_2	2.7×10^{-7}	1.6×10^{-6}
CO_2	—	1.6×10^{-6}
空气	—	1.5×10^{-6}

当电离室内存在外加电场时，电子和正离子除具有上述的扩散、电荷转移、电子吸附、复合等行为外，还会受到外电场的影响发生漂移，即在静电力的作用下电子向阳极定向移动，正离子向阴极定向移动。

离子在气体中的漂移速度可以用式（2-6）计算

$$\vec{v} = \mu \frac{\vec{E}}{p} \qquad (2-6)$$

式中：$\vec{v}$ 为离子的漂移速度；μ 为迁移率，对于离子来说受场强和气体压力影响很小，近似为常数；$\vec{E}$ 为电场场强；p 为气体压力。

电子的漂移速度与场强往往不成正比，图 2-8 所示是自由电子在氩气和甲烷的混合气体中漂移速度的实验测量结果，可以看出在 $\frac{\vec{E}}{p}$ 较小时电子的漂移速度随 $\frac{\vec{E}}{p}$ 的增加而变大，但当场强达到一定值时漂移速度达到饱和，不再随场强增加，对于一些气体甚至略有下降。此外，电子的漂移速度对组成气体的组分极为敏感，在单原子分子气体中加入少量多原子分

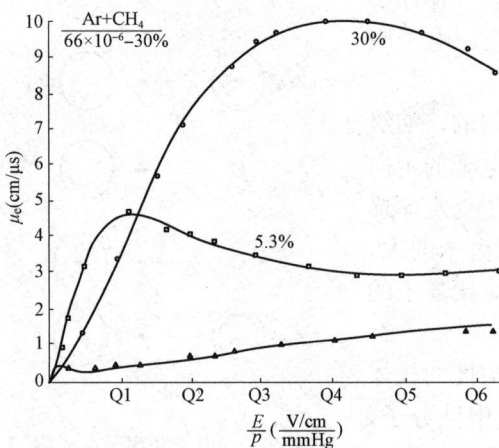

图 2-8 电子的漂移速度

子气体（如 CO_2、H_2O、CH_4 等）时，可以提高电子的漂移速度。

一般来说，离子在气体内的漂移速度为 $1\sim10m/s$ 的量级；而电子由于质量小，在与中性气体原子碰撞从而损失能量之前可以被外电场更好地加速从而获得更高的速度，自由电子的漂移速度约是离子的 1000 倍，为 $10^4\sim10^5\,m/s$ 量级。因此对于典型设计的电离室，离子的漂移时间约在毫秒级，而电子的漂移时间远远小于离子，约在微秒量级。

当外电场场强较小时，漂移、扩散、复合等效应同时存在，但随着外加电压增加，电离室内的电场强度不断增大，自由电子和正离子都会更快地向阳极和阴极漂移，降低了复合成中性原子的概率。当场强足够强时，复合效应被漂移充分抑制而忽略不计，可以认为电离产生的电子和离子被全部收集，电离室应工作在这一场强范围内。

2.2.2 电离室的信号输出

从平板型脉冲电离室入手分析电离室的输出信号（电量、电流、电压）特征。虽然探测器的电路结构复杂，但可以将其等效简化为图 2-9 的形式，其中电离室平板的等效电容为 C，外电路等效电容为 C'，输出回路等效电阻为 R，外加电压 V_0，电阻 R 两端的输出电压为 V。

假设粒子或辐射入射电离室的灵敏体积并使 N 个气体原子电离，记该时刻为 $t=0$，且在其引起的电信号结束前，探测器灵敏体积内不再有其他入射粒子产生电离。某个电子-离子对中的正离子在上下电容板表面分别感生出负电荷 q_1 和正电荷 q_2，称为感应电荷。作如图 2-9 中虚线所示的高斯面，由静电场的高斯定律可知，正离子在上下电容板上感应的负电荷量为 e（e 为电子电量，等于 $1.602\ 176\ 62\times10^{-19}$ C）。当正离子向阴极漂移，上极板上感应电荷 q_1 减少，下极板上感应电荷 q_2 增加，这相当于有电流从外电路的正极流向负极，称为感应电流。当正离子到达阴极板，它与阴极板上的感应电荷中和，此时外回路电流结束。在这一过程中外电路流过的总电荷量为 q_1。同理，对于电子-离子对中的自由电子，在它漂移过程中相当于外电路中流过了总电荷量为 q_2 的感应电流从正极流向负极。由静电场的可叠加原理可知：一个电离生成的电子-离子对的自由电子和离子在电离室内开始漂移直至被收集的过程中，电离室的外电路有总电量为 e 的感应电流流过。以此类推到 N 个电子-离子对，它们所引起的感应电流的总电荷量为

$$Q = e \cdot N \tag{2-7}$$

这一结论与电离室的结构、电离室内电场的分布以及外电路的结构均无关。因此，如果电离室工作在饱和状态，即外加场足够强使扩散和复合效应可以忽略，那么收集到的感应电荷量只与电离生成的电子-离子对数目有关，与电离室的结构和参数无关。

自 $t=0$ 时刻开始有感应电流，直至所有的载流子被收集后结束，也就是说只要有载流子漂移，就将存在感应电流。事实上，流经电容板电极的感应电流可用 Shockley-Ramo 定理描述，即

$$i = q\vec{v}\vec{E}_w \tag{2-8}$$

式中：i 是载流子漂移引起的瞬时感应电流，它是时间的函数；q 和 $\vec{v}$ 分别是载流子的电量

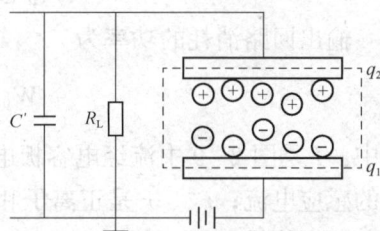

图 2-9 平板电离室等效电路示意

和瞬时速度矢量；$\vec{E}_w$ 是载流子所在位置的权重电场。

$\vec{E}_w$ 的求解比较复杂，需要在一定近似和边界条件下求解关于探测器灵敏体积内的权重势场 φ_w 的拉普拉斯方程，$\vec{E}_w$ 即为 φ_w 的梯度场。然而对于电容间距与长度和宽度相比很小、边缘效应可以忽略的理想的平板型电离室，可以从能量守恒的角度对输出信号进行更直观的推导。

外电源的电功率为

$$W = U_0 \cdot I = U_0 \Big(\sum_{j=1}^{N^+} i_j^+ + \sum_{k=1}^{N^-} i_j^- \Big) \tag{2-9}$$

电场使灵敏体积内载流子漂移所消耗的功率为

$$W_e = e \cdot \Big[\sum_{j=1}^{N^+} \vec{E}(r_j^+) \cdot \vec{u^+}(r_j^+) - \sum_{k=1}^{N^-} \vec{E}(r_k^-) \cdot \vec{u^-}(r_k^-) \Big] \tag{2-10}$$

电容 C 消耗的功率为

$$W_C = \frac{d}{dt} \Big[\frac{1}{2} C (U_0 - U)^2 \Big] = - C(U_0 - U) \frac{dU}{dt} \tag{2-11}$$

输出回路消耗的功率为

$$W_0 = I \cdot U = \frac{U^2}{R} + C' \cdot U \frac{dU}{dt} \tag{2-12}$$

式中：I 是图 2-9 中流经电容板电极的总电流；i^+、i^- 分别是正离子和自由电子在 t 时刻引起的感应电流；r^+、r^- 是正离子和自由电子在 t 时刻的空间位置。

根据能量守恒有

$$W = W_e + W_C + W_0$$

代入式（2-9）～式（2-12）得到

$$I_0 = \frac{U}{R_0} + C_0 \frac{dU}{dt} \tag{2-13}$$

其中

$$C_0 = C + C'$$

$$I_0 = \frac{e}{U_0 - U} \cdot \Big[\sum_{j=1}^{N^+} \vec{E}(r_j^+) \cdot \vec{u^+}(r_j^+) - \sum_{k=1}^{N^-} \vec{E}(r_k^-) \cdot \vec{u^-}(r_k^-) \Big]$$

这是电离室电流与输出电压的关系，其中 I_0 称为电离室的本征电流。一般气体探测器的外电源为高压直流电源，因此有 $U = U_0$，设 $U \to 0$，则本征电流强度主要由载流子的数量和漂移行为决定。求解上述关于输出电压 U 的微分方程 [式（2-13）]，代入初始条件 $|U|_{t=0} = 0$，可以得到输出电压随时间的变化

$$U(t) = \frac{e^{-t/RC_0}}{C_0} \Big[\int_0^t e^{t/RC_0} \cdot I_0(t) dt \Big] \tag{2-14}$$

记 t^- 为自由电子全部被收集的时刻，t^+ 为正离子全部被收集的时刻，对于一定的探测器结构，它们的大小主要与电子-离子对生成的位置有关。如前文所述，对于电离室一般 t^- 在微秒级，t^+ 在毫秒级。

首先考虑探测器电路的时间常数较大的情况，即 $RC_0 \gg t^+$。

在 $0 < t < t^+$ 时间内，将本征电流 $I_0 t$ 代入式（2-14）得到

$$U(t) = \frac{1}{C_0} \int_0^t I_0(t) \, \mathrm{d}t$$

$$= \frac{e}{U_0 C_0} \left\{ \sum_{j=1}^{N^+} \left[\varphi_j(r_j^+ \big|_{t=t^-}) - \varphi_j(r_j^+ \big|_{t=0}) \right] + \sum_{k=1}^{N^-} \left[\varphi_k(r_k^- \big|_{t=t^-}) - \varphi_k(r_k^- \big|_{t=0}) \right] \right\}$$

$$(2\text{-}15)$$

即输出电压与载流子在该时刻与初始时刻的电位之差有关。

由于 $u^- \gg u^+$，电子漂移的电动势差远大于正离子，可以认为在 $0 < t < t^-$ 时间内输出电压主要由电子贡献。因此在 t^- 时刻

$$U(t^-) = \frac{e}{U_0 C_0} \sum_{k=1}^{N^-} \left[\varphi_{\mathrm{anode}} - \varphi_k(r_k^- \big|_{t=0}) \right] \tag{2-16}$$

其大小与自由电子生成的位置有关。

在 $t^- < t < t^+$ 的时间段内，电子已全部被收集，感应电流的贡献全部来自于正离子。自由电子和正离子成对生成，天然满足初始位置相同，因此得到

$$U(t^+) = \frac{Ne}{U_0 C_0} (\varphi_{\mathrm{anode}} - \varphi_{\mathrm{cathode}}) \tag{2-17}$$

在 $U = U_0$ 的假设下，有脉冲电压幅度

$$U(t^+) = \frac{Ne}{C_0} = \frac{Q}{C_0} \tag{2-18}$$

显然输出电压的与电子和离子生成的位置无关，只与总电离电量 Q 有关，与被电离的电子-离子对数目 N 成正比。

当 $t > t^+$ 时，载流子的漂移结束

$$U(t) = \frac{Ne}{C_0} \mathrm{e}^{-\frac{t}{RC_0}} = \frac{Q}{C_0} \mathrm{e}^{-\frac{t}{RC_0}} = U(t^+) \mathrm{e}^{-\frac{t}{RC_0}} \tag{2-19}$$

电压信号逐步衰减。

若电离室为理想的电容板，则有均匀分布的场强 $E = \dfrac{U_0}{d}$。由于漂移速度基本不变，本征电流 I_0 为分段的常函数，$U(t)$ 在 $0 < t < t^+$ 的斜率与漂移速度正相关。由式（2-8）可以得到输出电压 U 随时间变化的结果如图 2-10 中实线所示。可以看出在 $RC_0 \gg t^+$ 的情况下，平板型的脉冲型电离室的电压脉冲信号有两个上升沿。第一个上升沿时间短而陡峭，主要由电子漂移贡献；第二个上升沿时间长而平缓，由正离子漂移贡献。

这种电路时间常数很大（$RC_0 \gg t^+$）的脉冲电离室的输出电压最大值 $U(t^+)$ 可以直接反映初始电离的电子-离子对数目，从而对入射辐射进行测量。然而，这类脉冲电离室的输出信号宽度较大，在入射粒子强度较大的情况下会使信号分辨不佳。对此，可以应用电子型脉冲电离室。当电路的时间常数较小（$t^- \ll RC_0 \ll t^+$）

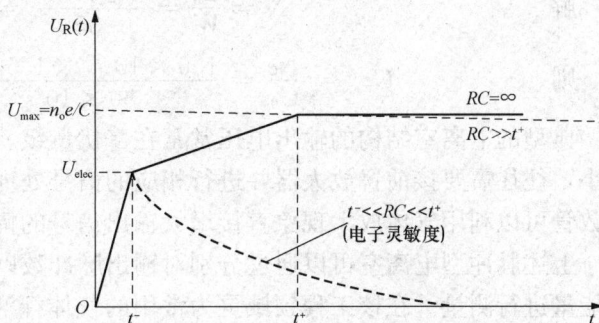

图 2-10　脉冲型电离室的输出电压

时，离子漂移对电压信号的贡献将不被采集，只保留电子漂移造成的脉冲峰值，如图 2-10 中虚线所示。这样脉冲宽度大大减小，可以实现较高的计数率与信噪比。然而，如式（2-20）所示，$U(t^-)$ 的值并不仅仅与收集到的电子电量有关，还与电离位置有关，而在实际应用中电离可能发生在灵敏体积中的任何位置，这会给准确测量入射粒子能量带来一定困难。

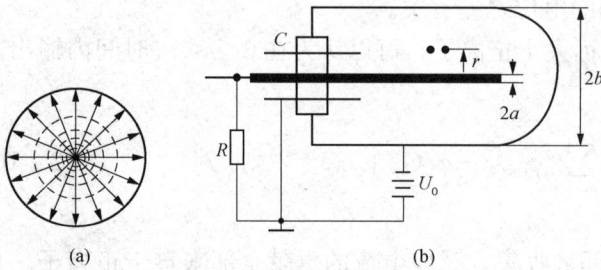

图 2-11　圆柱形电离室结构示意图

（a）横截面图及电场线；（b）纵剖面及电路示意

为了解决这一问题，可以使用屏栅电离室、圆柱形电离室等结构来消除初始电离位置带来的影响。圆柱形电离室是核工程领域最为常用的电离室，其结构如图 2-11 所示。圆柱形电离室的阴极是一个圆柱形的套筒，筒中的金属细丝接阳极，连接处用绝缘环密封。

根据静电学的基本知识易得到圆柱形电容内静电场和电动势的分布。对于电子脉冲型电离室，若全部电子-离子对产生在横截面上距离中心 r（$a \leqslant r \leqslant b$）处，代入式（2-20）可以得到电子脉冲的峰值

$$U(t^-) = \frac{Ne}{C_0} \frac{\ln \dfrac{r}{a}}{\ln \dfrac{b}{a}} \tag{2-20}$$

圆柱形的几何特点使 r 很小的区域只占灵敏体积的很小一部分，大部分入电子-离子对都在 r 较大处产生，从而削弱了自由电子产生位置对输出电压信号的影响。另外，常见的电子脉冲型电离室的阴极套筒内径尺寸在厘米量级，阳极丝直径约几十微米，这种设计使得 $\dfrac{b}{a}$ 的值较大，在这种情况下除了 $r \to a$ 的小范围区域外，输出电压的值接近于 $\dfrac{Ne}{C_0}$，即

$$U(t^-) \cong \frac{Ne}{C_0} \tag{2-21}$$

【例 2-1】　能量为 5.2MeV 的 α 粒子入射圆柱形的电子脉冲电离室，并在电离室内消耗其全部能量。工作气体为空气，其平均电离能 W 取 35eV/对。若总电容量为 80pF，求输出电压信号的峰值。

解

$$N = \frac{E_0}{W} = \frac{5.2 \times 10^6}{35} = 1.5 \times 10^5$$

则

$$U_{\max} = \frac{Ne}{C_0} = \frac{1.6 \times 10^{-19} \times 1.5 \times 10^5}{80 \times 10^{-12}} = 0.3 \ (\text{mV})$$

典型的电离室结构的输出电压常常在毫伏量级，对于快电子和 γ 射线的探测这一值甚至更小，往往需要接前置放大器并进行相应的信号处理。与电离室相比，正比计数管和 G-M 计数管可以利用气体放大现象直接增大输出信号的幅度，将在 2.2.3 中讲到。

上述脉冲型电离室可以通过分别对输出脉冲数以及输出电压脉冲幅度对入射辐射的强度和能量进行测量。在核工程领域更为常用的气体探测器是电流型电离室，又称累计电离室。由于具有十分良好的承受恶劣工作环境影响的能力等优点，电流型电离室广泛应用于反应堆功率中子注量率测量等工程领域。

累计电离室与脉冲型电离室并没有本质区别，只是信号的采集方式不同。脉冲型电离室采集单个粒子使电离室内气体电离产生的信号，而累计电离室的输出信号则反映了大量入射粒子的平均电离效应（见图2-12）。假设每对电子-离子对使探测器产生的输出信号为 $I=v(\tau)$，当入射粒子流强度足够大，以致在电路时间常数 RC_0 时间内的入射粒子数远大于1，则电离室工作在累计状态。此时堆积的脉冲信号形成了波动的直流电流，即在任一时刻 t，探测器的总输出信号是此时刻以前在探测器内产生的各个离子对所产生信号在此时的所取值的叠加。

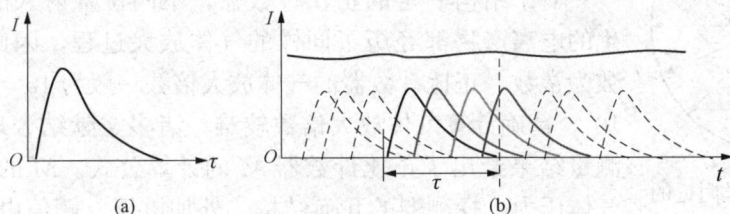

图 2-12　累计电离室输出信号示意

（a）一对电子-离子对产生的输出信号；（b）多个电子-离子对输出信号的叠加

若输单位时间内射入电离室灵敏体积内的带电粒子的平均值为 $\bar{n}$，每个入射粒子平均在灵敏体积内产生 $\bar{N}$ 个离子对，则累计电离室输出的本征电流信号的平均值为

$$\bar{I}_0 = \bar{n}\,\bar{N}\,e \qquad (2-22)$$

直流电压信号的平均值为

$$\bar{U} = \bar{I} \cdot R = \bar{n}\,\bar{N}eR$$

$$\bar{N} = \frac{\bar{U}}{\bar{n}\,eR} = \frac{\bar{I}R}{\bar{n}\,eR} \qquad (2-23)$$

因此，对于给定的辐射场和气体探测器，输出的电流信号或电压信号与单位时间入射的带电粒子的平均值成正比，其时均值可以作为入射辐射强度的度量。

2.2.3　正比计数管与 G-M 计数管

在电离室中，入射辐射产生的初级电离被电场收集。如果探测器内某些区域的电场强度足够高，使初级电离产生的电子在两次碰撞之间获取足够的能量，可以引发新的电离，这种现象称为电子雪崩，如图2-13所示。发生电子雪崩后电场收集到的载流子将极大地增多，提升输出信号的幅度，这就是正比计数管和 G-M 计数管所利用的气体放大效应。

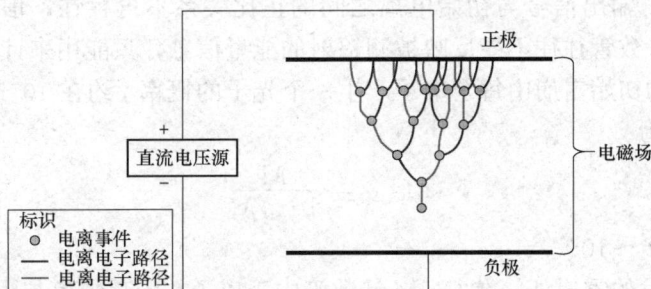

图 2-13　气体探测器的电子雪崩

一般发生电子雪崩的阈值电场强度 E_t 在 $10^6\,\mathrm{V/m}$ 量级。正比计数管和 G-M 计数管大多

采用圆柱结构，以在阳极丝附近获得足够强的电场强度，阳极丝附近的气体放大区域示意，如图 2-14 所示。

定义气体放大倍数 M 为最终收集到的载流子数目与初始电离的载流子数目之比，即

$$M = \frac{N}{N_0} \tag{2-24}$$

图 2-14　阳极丝附近的气体放大区域示意

对于结构一定的正比计数器，不同位置射入的入射粒子所产生的电离产物都经历了同样的气体放大过程，因此其气体放大倍数为常数。正比计数器的气体放大倍数一般为 $10^4 \sim 10^5$，可能达到 10^6。精确计算气体放大倍数较难，诸多文献结合理论模型与实验测量结果给出了正比计数器 M 的计算公式。M 的值与气体种类、气体压力、探测器的几何结构、外加电压、阈值电压等因素有关。

一般认为当外加电压足够高时，$\ln M$ 随阳极丝比例 $\frac{a}{b}$ 的减小而增加，且与外加电压 U_0 成正比。

由于大量电子产生在极靠近阳极丝的位置，其被收集的过程中扫过的电动势差较小，因此正比计数器的输出信号主要由正离子的漂移贡献。正比计数器大多工作在脉冲状态。与电离室类似，正比计数器的输出信号与电路的时间常数有关，但输出电压脉冲满足

$$U_{\max} \propto M \frac{Ne}{C_0} \tag{2-25}$$

需要指出的是，由于电子雪崩和漂移的速度很快，在电子被收集后，大量尚未被收集的正离子在阳极丝附近，它们产生的电场方向与外加电场相反，在某些情况下（尤其是外加电压较高时）对外加电场具有削弱作用，这种现象称为空间电荷效应。空间电荷效应会对气体放大倍数产生影响。

气体的激发现象往往伴随电离出现。当电场足够强时，雪崩过程中气体原子退激产生了大量的光子，光子通过光电效应作用于器壁产生光电子，光电子又可以引起新一轮雪崩。在正比计数器中，光子反馈作用非常微弱，因此经一次雪崩后增殖过程即自行终止，且雪崩只限于局部区域，而在 G-M 计数管中，光子的反馈扮演了十分重要的角色，光电子引发的雪崩将沿阳极丝方向在计数器的灵敏体积内迅速传播，称为盖革放电。当多级雪崩所产生的载流子数目急剧增加，输出信号与初始电离之间的正比关系不再存在，信号仅取决于极间电压。因此，G-M 计数管往往不能反映被测辐射的能量信息，只能用来计数。

G-M 计数管的初始雪崩中每个电子产生一个光子的概率 γ 约在 10^{-5} 量级，可以得到总的气体放大倍数约为

$$M_{\text{G-M}} \cong \frac{M}{1 - \gamma M} \tag{2-26}$$

式中：$M_{\text{G-M}}$ 值为 $10^8 \sim 10^{10}$。

除了光电子引发的雪崩外，在 G-M 计数管中正离子在漂移结束与阴极碰撞时也会释放电子，从而开始新一轮的放电。在某些情况下这种放电反复进行，无法自我淬灭，称为 G-M 计数管的"自持放电"现象。通常在工作气体中加入少量烷类、醇类或卤化物等淬灭气体以终止放电过程，制成自熄式 G-M 计数管。

在核电厂中，G-M计数管可应用于厂内 γ 辐射剂量测量和个人计量测量等场合。

图 2-15 所示是气体探测器的工作模式。电离室、正比计数管、G-M计数管的基本结构并没有本质区别，工作区间主要取决于外加电压的大小、阳极丝的直径以及工作气体的种类和压力等因素。对于中子的探测一般采用电离室或正比计数管，较少使用G-M计数器。

Ⅰ 复合区：复合效应不可忽略。探测器不工作在这一区域。

Ⅱ 饱和区：初始电离产物全部被收集，$M=1$。电离室工作的区域。

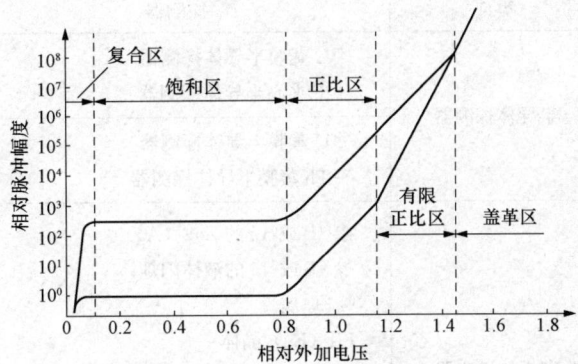

图 2-15　气体探测器的工作模式

Ⅲ 正比区：$M \gg 1$ 且为常数。正比计数管工作的区域。

Ⅳ 有限正比区：正比特性被破坏。探测器不工作在这一区域。

Ⅴ 盖革区：G-M计数管工作的区域。

2.3　反应堆中子注量率探测器

表 2-4 列举了核工程领域应用的部分中子探测器，其测量对象主要包括中子的注量率和中子的能量，对于粒子物理等领域还将涉及到中子径迹的探测。许多物质与中子发生核反应的截面强烈依赖于中子能量，这是中子探测器所要必须考虑的特征。在辐射防护等领域，中子能量的测量十分重要，可以利用某些同位素与中子反应的阈能特点制成探测器进行测量；对于某些场合下快中子的探测，可以先将快中子慢化至热区，再利用热中子探测器进行探测。限于篇幅，本书对中子能量测量不作详细阐述，重点介绍热中子反应堆常用的中子注量率探测器的原理及应用。

表 2-4　　　　　　　　　　　　　　　　　　中子探测器

类型	探测器	主要用途
气体探测器	涂硼电离室 BF_3 电离室 ^{235}U 裂变室	热堆堆外中子探测
	BF_3 正比计数管 涂硼正比计数管 ^3He 正比计数管	慢中子探测 热堆堆外中子探测 热堆堆芯中子探测（初次装料）
	含氢正比计数管 充和 ^3He 和 Kr 的高压多丝正比室	快中子探测
	^{235}U 裂变室 ^{239}Pu 裂变室	热堆堆芯中子探测
	^{238}U 裂变室 ^{232}Th 裂变室	快堆堆芯中子探测

类型	探测器	主要用途
半导体探测器	^{235}U 蒸膜半导体探测器 ^{6}LiF 夹心半导体探测器	慢中子探测
	^{238}U 蒸膜半导体探测器 ^{232}Th 蒸膜半导体探测器	快中子探测
闪烁体探测器	掺^{10}B 或^{6}Li 的 ZnS（Ag） 掺^{10}B 或^{6}Li 的液体闪烁体 ^{6}Li 玻璃 LiI（Eu）晶体	慢中子探测
	ZnS 快中子屏 塑料闪烁体 液体闪烁体 有机闪烁体（蒽、萘等）	快中子探测
自给能探测器	钒探测器 铑探测器 钴探测器	热堆堆芯中子探测

常用的反应堆堆芯中子注量率探测器主要包括：以"活化法"为原理的自给能探测器和活化球探测器、气体探测器两类。

活化球探测器具有测量范围广等优点，曾广泛应用于许多早期核电厂的中子注量率测量。它的原理是将^{55}Mn、^{51}V等活化材料置入堆芯接受中子辐照，生成 γ 放射性核素，再利用启动装置将活化球送入测量台，通过测量活化体的 γ 放射性剂量间接测量堆内中子注量率。由于无法实现在线连续工作，活化球测量系统已逐渐被取代，但仍应用于某些实验堆的中子注量率测量以及核电厂中子探测仪表的校准。在 EPR 堆型中也采用了活化球探测器作为堆内中子检测装置。

自给能中子探测器的应用始于 20 世纪 60 年代中期，按照发射体材料的不同可分为瞬时响应自给能探测器和延迟响应自给能探测器两类。与气体探测器不同，自给能探测器不需要外加电压，具有结构简单、适于在强辐射场中工作、可连续在线测量等优点。但瞬时自给能探测器灵敏度低，而延迟自给能探测器信号延迟度高，从而妨碍了其应用。然而随着对自给能探测器研究的深入，其缺点正逐渐被克服。目前 AP1000、华龙一号等第三代压水堆堆型广泛采用一体式的自给能探测器作为堆芯中子注量率探测装置。

气体探测器是目前核电厂应用最为广泛的中子探测装置，其探测原理见 2.2。常用于反应堆中子注量率测量的气体探测器是在电离室和正比计数管等电离辐射气体探测器的基本结构的基础上，涂装或填充中子敏感材料制成的涂硼室、裂变室、三氟化硼计数管和氦-3计数管等。作为不带电粒子，中子在气体探测器中需要与中子敏感材料发生核反应生成次级粒子，次级带电粒子引起探测器内气体的电离并输出响应电流或电压信号，测量这些电信号可以间接探测中子注量率的相关信息。

显然，核反应生成的初级带电粒子的强度与核反应的反应率成正比，即 $\bar{n} \propto Rn$ ，而反

应率 R_n 由灵敏体积内的中子注量率 Φ 和中子与敏感材料的核反应的反应截面决定，即

$$R_n = \int_V \Sigma \Phi \, dV \tag{2-27}$$

其中

$$\Phi = nv$$

式中：n 为中子数密度；v 为中子运动速率。

因此对于给定的探测器和中子辐射场，由式（2-22）可知输出信号 $I \propto \bar{n} \propto \Phi$，可以反映中子注量率的大小。

定义中子探测器的灵敏度 S 为单位入射粒子流强度引起的探测器输出信号的幅度，有

$$I = S \cdot \Phi \tag{2-28}$$

显然对于气体探测器，影响灵敏度的因素包括探测器的结构、气体压力和组分、被测中子能量、中子与敏感材料的反应截面与反应释放的能量等。

2.3.1　涂硼室

涂硼电离室示意如图 2-16 所示，其原理是在计数管的阴极内壁上涂一层浓缩 ^{10}B 的薄膜，利用 (n, α) 反应生成的带电 α 粒子和锂离子使室内气体（常用氩气掺少量 CO_2）电离从而输出电信号。核电厂常用的涂硼室包括涂硼电离室和涂硼正比计数管。

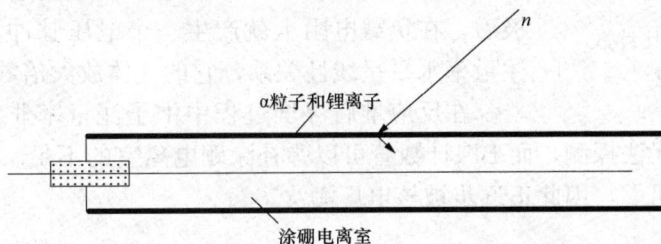

图 2-16　涂硼电离室示意

涂硼电离室主要由高压电极、收集电极、电极之间的气体以及电极之间的绝缘支撑构成，一般工作在累计电流状态。根据电极形状的不同可以分为平板型和圆柱形，根据功能可以分为 γ 补偿型和非 γ 补偿型。

由于 ^{10}B 的热中子反应截面很大，涂硼电离室中 ^{10}B 的燃耗很快。在热中子注量率约为 $4 \times 10^{13} \, cm^{-2} \, s^{-1}$ 的典型压水堆堆芯环境中，涂硼电离室在使用一个半月后其灵敏度下降约 50%，9 个月后其灵敏度只有最初的 2%；而裂变室在使用 9 个月后灵密度仍可达到最初的 50%。因此涂硼电离室无法在整个换料周期内作为堆芯内固定的探测器进行使用，但可作为移动式的堆芯中子探测器使用，或用于堆外中子注量率的测量。涂硼电离室常用作堆外核测系统的源量程测量仪表。

对于中间量程中子注量率的测量，可将涂硼电离室制成补偿室的结构，

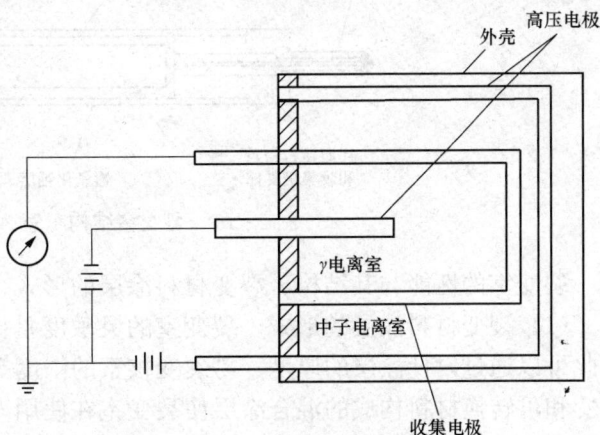

图 2-17　γ 补偿电离室结构示意

以补偿 γ 辐射的干扰，如图 2 - 17 所示。γ 补偿电离室由同一个壳体内的两个同样的电离室组成。一个室对中子和 γ 射线都敏感，而另一个室仅对 γ 射线敏感，两个电离室在电路上连接，使其输出相减。在堆外核测系统功率量程的测量范围内，γ 辐射的相对干扰减小，可将涂硼电离室制成多节形式使用。

涂硼正比计数管常用于热中子的探测。与 BF₃ 和 ³He 正比计数管相比，涂硼正比计数管的优势在于：①工作电压低，一般低于 1000V；②计数率高，中子探测效率高；③可选择适当的工作气体使脉冲上升时间缩短，从而实现快测量；④抗 γ 辐射干扰能力强，因而更适合在反应堆附近等高 γ 干扰的环境使用；⑤由于可以采用较低的工作电压和充气气压，具有比 BF₃ 或 ³He 正比计数管更长的使用寿命。

2.3.2　三氟化硼计数管

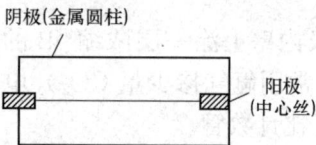

早期核电厂堆外核测系统的源量程测量曾广泛采用 BF₃ 正比计数管，其结构示意如图 2 - 18 所示，内充 ¹⁰B 富集度 96% 以上的 BF₃ 气体，工作在正比区硼吸收中子后发出 α 粒子使三氟化硼电离，一次电离所产生的电子在计数管内电场作用下加速并向集电极移动，它获得的能量足以使其他分子电离，这些电子全部到达中心电极后，在负载电阻上就产生一个电压脉冲，脉冲频率与中子注量率水平呈线性关系，它的气体放大倍数可达 10^6。

阴极(金属圆柱)

阳极(中心丝)

图 2 - 18　BF₃ 正比计数管结构示意

在反应堆启停堆过程中中子注量率非常低的阶段，常规的涂硼电离室往往无法探测，而 BF₃ 计数管可以弥补涂硼电离室的不足。然而 BF₃ 气体具有毒性和腐蚀性，且可燃，因此正逐步被核电厂淘汰。

2.3.3　裂变室

裂变室是在电离室的内壁涂一层易裂变材料或可转变材料，利用裂变反应制成的中子探测器，其结构示意如图 2 - 19 所示。热中子入射裂变室的灵敏体积内，与内壁涂层中的铀 - 235 等裂变材料发生裂变反应，在电离室内引起工作气体电离，从而产生可以反映中子注量率的输出电流。由于裂变反应产生的裂变碎片动能很大，可以产生较大的输出信号脉冲幅度，因此裂变室被广泛应用于 γ 本底较强的反应堆堆芯中子探测。

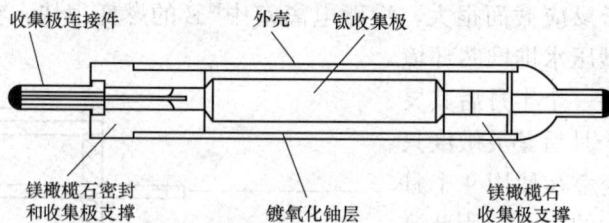

收集极连接件　　　　　外壳　钛收集极

镁橄榄石密封　　　　镀氧化铀层　　　　镁橄榄石
和收集极支撑　　　　　　　　　　　　　收集极支撑

图 2 - 19　裂变室结构示意（内壁涂氧化铀）

裂变室的性能与其结构、裂变材料涂层的形式、工作气体、工作模式等因素相关。

（1）裂变材料涂层的形式。裂变室的灵敏度是由辐照后涂层剩余易裂变原子数决定的，因此可以通过设计涂层的厚度、易裂变核素的浓度等决定裂变室的灵敏度，也可以制成由易裂变和可转换材料构成的混合涂层使裂变室在使用寿命内灵敏度保持稳定。常见的裂变材料涂层含铀，涂层材料包括二氧化铀、铀 - 铝合金等。需要指出的是，由于裂变碎片的射程很短，裂变室的涂层不能过厚。

探测器的几何结构对 γ 射线的探测灵敏度具有影响，因此可以通过改变圆柱形裂变室灵敏体积的直径和长度使其获得最佳的信噪比。

（2）工作气体。工作气体的种类和气压对裂变室的性能也有较大影响，在选择填充气体时需要考虑其化学性质、中子反应截面、电离特性以及热导率等因素。氩气具有化学性质稳定、较低的热中子吸收截面以及较稳定的电离特性等优点，是最常见的裂变室填充气体，此外氦 - 氮、氩 - 氮等混合气体也被用于填充裂变室。工作气体的压力一般在几个大气压力左右，以提高被探测中子对于 γ 射线的信噪比。

应保证充入足够的工作气体，以保证有足够的载流子从而产生可以反映被测中子注量率的电流，这对于源量程的中子探测器尤为重要。

（3）工作模式。电离室的阴阳极间距应合理设计，使其在所要求测量范围内总能够工作在图 2-15 所示的饱和区。压水堆核电厂中裂变室一般在累计模式下使用，为使其工作在饱和区，工作电压通常大于 125V。

2.3.4　自给能探测器

近年来，自给能中子探测器广泛应用先进压水堆核电厂的堆芯内的中子注量率的测量，它采用对中子敏感的材料作为靶物质，该材料吸收中子后变成另一种放射性核素，其放射性衰变活度与中子注量率成正比，从而产生正比于中子注量率的电流。自给能探测器只能测定中子辐射的平均效应，不能探测单个中子的行为，也就是说它以累计模式工作。

自给能探测器可应用于高中子注量率，并伴有强辐射的场合，例如反应堆堆芯中子注量率的测量。

在辐射场中，由于物质与辐射场的相互作用，任何物体都可能因发射或吸收荷电粒子而带电。物体带电的情况与材料及其几何结构有关，置于辐射场中的两个相互绝缘的导体（或半导体），由于带电情况不同，它们之间就产生了电势差，若用导线连接它们，则导线中就会有电流流过，这种效应是辐射能量直接转化而来的，它的大小和变化反映出辐射场的特性和变化，自给能中子探测器就是利用这种现象制成的。自给能中子探测器的探测原理如图 2-20 所示，它由发射体、绝缘体、收集体组成。中心电极称为发射体，由中子灵敏材料制成；发射体是自给能中子探测器的核心部分，决定了探测器的物理特性；探测器的外壳即是收集

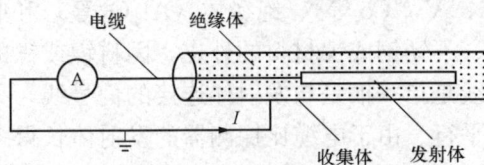

图 2-20　自给能中子探测器的探测原理

体，由对中子不灵敏的材料制成；发射体和收集体之间是绝缘体，通常采用无机绝缘材料制成。探测器放在堆芯稳定中子场中，其发射体吸收中子后放出高能 β 粒子，β 粒子以一定概率逃脱发射体并穿越绝缘体空间，电荷电势峰被收集体收集，则发射体带正电，探测器输出一小电流 I。在平衡状态下，探测器发射体单位时间衰变放出的 β 粒子数等于发射体的中子俘获率，而发射体的中子俘获率又正比于探头位置的中子注量率，因此，在平衡状态下，探测器输出的小电流正比于其周围的中子注量率，测量这一小电流就达到测量中子注量率的目的。

探测器的发射体要具有适中的中子活化截面，截面与中子能量的关系要尽量符合 1/v 规律，衰变型发射体活化核的半衰期要短，β 粒子平均能量要大；瞬变型发射体中子俘获 γ 射线的转换效率要高，如果有其他伴随的同位素生成，其半衰期不宜是长寿命的。根据不同用途，适合作发射体材料的主要有高灵敏度型的铑（^{103}Rh）、低燃耗型的钒（^{51}V）、快响应型

的钴（^{59}Co）、铂（Pt）等，常用自给能探测器材料核特性详见附录 A。

对于核动力反应堆，常用的 SPND 发射体材料包括钒、钴、铑、银、铂和铪等。这些材料具有相对高的熔点温度和相对高的热中子吸收截面，且便于 SPND 组件的加工制造。

探测器的绝缘体要选择中子截面小、耐辐照、耐高温的高绝缘材料，如高纯 Al_2O_3、MgO、BeO、陶瓷和 SiO_2 等。理论计算和实验均证明，对于铑、钒等衰变型探测器，选用 $0.25\sim0.30mm$ 厚的 Al_2O_3 陶瓷是合适的，对于钴、铂等瞬变型探测器，需选用厚度为 0.5mm 左右的 Al_2O_3 陶瓷。提高绝缘材料的纯度对于降低本底电流、提高辐照和高温下的绝缘性能具有明显效果。对于绝缘电阻，在热态 350℃下应大于 $10^7\Omega$，在冷态 20℃下应大于 $10^{12}\Omega$，在高温下，SiO_2 的绝缘电阻低于 MgO 或 Al_2O_3。

探测器的收集体要选择中子截面小、耐辐照、抗腐蚀和机械强度好的金属材料。一般采用因科镍、纯镍或低锰不锈钢等。附录 A 中列出了一些常见的适合作收集体、绝缘体和发射体的材料。

快响应的钴自给能中子探测器还可用于反应堆噪声分析及功率区的控制和安全保护系统。在反应堆诊断方面，自给能中子探测器可以作为噪声分析的工具。这种小型、全固化的探测器，结构简单，成本低，易安装，寿命长，耐辐照和高温，适于计算机在线使用，是较理想的一种堆芯中子注量率探测器。与气体探测器相比，自给能探测器的最大特点是不需要外加电源，但输出电流较小，响应时间较慢。它的优点包括：无需电源；结构简单而坚固；结构尺寸相对较小，适用于堆芯安装；在温度和压力下稳定性好；耐辐照较好；燃耗低（取决于发射体的材料），寿命长；成本较低。它的缺点是：由于中子敏感度低，工作范围有限；本底噪声需要补偿（对一些发射体）；信号响应有迟延（对一些发射体）。

自给能中子探测器的主要结构包括探头、电缆和插接件三部分，探头包括发射体（如^{103}Rh、^{51}V、^{59}Co 等）、绝缘体（Al_2O_3 等）和收集体（镍等外壳）同轴排列而成。电缆为因科镍、不锈钢或镍材料的外皮，因科镍或镍的芯线，及 MgO 绝缘粉填充的双芯铠装电缆。双芯线是指一根是与发射体连接的信号线，另一根是本底线（不与发射体连接），与信号线相互平行。由于电缆比探测器的发射体长得多，辐照产生的本底电流（假电流）对测量影响很大，所以用两条相同、相互平行的芯线，输出接差分放大器，即可消除电缆中的假电流。对于长发射体的自给能中子探测器（如发射体钒）也可用单芯铠装电缆。插接件采用小型密封插头，整个自给能中子探测器呈密封结构，图 2-21 所示为探测器结构简图。

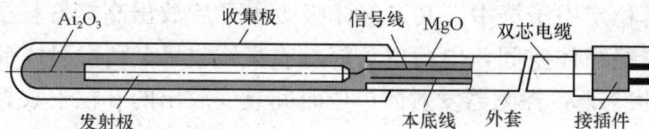

图 2-21　自给能中子探测器结构简图

一体式自给能中子探测器是将电缆和探头连接为一个整体，连接电缆的信号芯线直接与发射体相连，探头发射体的收集极同时也是探测器连接电缆的外壳；模块式自给能中子探测器由独立的探头和连接电缆组装而成，通常通过焊接连接。自给能中子探测器的两种典型的结构如图 2-22 所示。

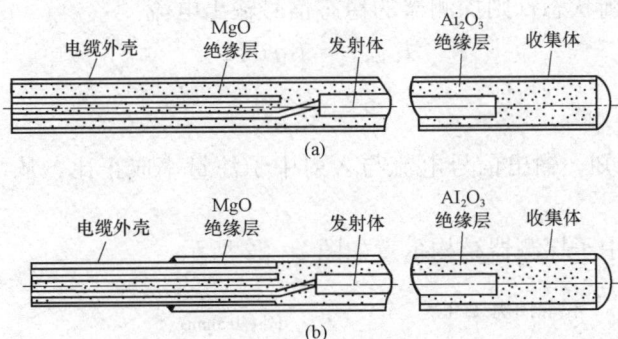

图 2-22 自给能中子探测器的两种典型结构

(a) 一体式自给能中子探测器；(b) 模块式自给能中子探测器

1. β 衰变自给能探测器

β 衰变自给能探测器又称延迟响应自给能探测器或衰变型自给能探测器，这类探测器输出信号强度大，可以用在反应堆芯中子注量率测绘系统，能给出精确的中子注量率分布，其缺点是响应时间较长，探测器单位长度输出电流较小，灵敏度较低，因此，它的输出信号不适用于功率控制系统和反应堆保护系统。

β 流自给能探测器常用的发射体采用铑、铑、银等材料，如 ^{103}Rh、^{51}V、^{107}Ag、^{109}Ag 等。它们与中子发生 (n, γ) 反应生成活化核，活化核以一定的半衰期进行 β 衰变，β 粒子穿过绝缘体达到收集体，平衡后，单位时间内生成的活化核数等于衰变的活化核数，电极间形成正比于热中子注量率的电流

$$I_{\text{balance}} \propto \Phi \tag{2-29}$$

测量探测器产生的 β 电流即实现了中子注量率的探测。衰变型探测器的电流成分中还包括探测器俘获 γ 射线产生的瞬变电流，它们一般只占总信号电流的百分之几，不能改变衰变型探测器对注量率变化慢响应的特征。

钒的发射体燃耗小，在堆芯中最为常见，除具有结构简单、小而坚固、成本低廉、使用方便、耐高温抗腐蚀的优点外，还具有低燃耗、长寿命和典型的 1/V 特性等特点。发射体 ^{51}V 俘获中子后形成短寿命的 β 放射性同位素 ^{52}V

$$^{51}\text{V} + n \rightarrow ^{52}\text{V} \rightarrow ^{52}\text{Cr} + \beta \tag{2-30}$$

部分 β 粒子穿透绝缘层到达收集体，用导线连接发射极和收集极后，在外电路形成一个正比于 β 粒子的信号电流，可对 β 衰变电流进行测量。β 流自给能探测的输出信号与 β 电流强度成正比，其响应时间取决于发射体的 β 半衰期，灵敏度取决于发射体与中子反应的截面。由于钒活化后生成的 β 放射性同位素 ^{52}V 半衰期约为 3.76min，故钒自给能探测器是慢响应的探测器，不适合直接用于安全和控制系统，但由于其输出信号强度大，所以常用在反应堆堆内仪表系统中，以给出精确的注量率分布。

当热中子注量率从零阶跃到 φ 时，^{51}V 探测器的时间响应为

$$I(t) = KN\sigma\Phi q(1 - e^{-\lambda t}) \tag{2-31}$$

式中：$I(t)$ 为 t 时电流（A）；K 为探测器常数；N 为发射体原子数；σ 为发射体材料活化截面 [b（靶）]；Φ 中为中子注量率，（$\text{cm}^{-2}\text{s}^{-1}$）；$q$ 为每俘获一个中子所产生的电荷量 [C（库伦）]，它等于一个电子的电量；λ 为衰变时间常数（1/s）。

当探测器达到平衡状态，则探测器的稳态信号输出电流

$$I_{balance} = Kq\sigma N\Phi$$

因此

$$\Phi = \frac{I_{balance}}{Kq\sigma N} \qquad\qquad (2\text{-}32)$$

由式（2-32）可知，输出信号电流与入射中子注量率成正比，从而实现探测中子注量率的目的。

钒衰变型自给能中子探测器结构示意如图 2-23 所示。

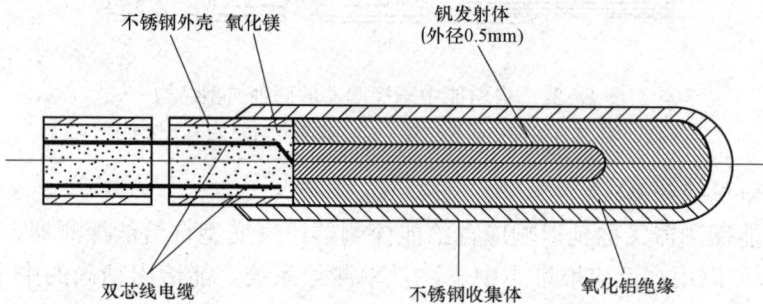

图 2-23　钒衰变型自给能中子探测器结构示意

在铑自给能中子探测器中，主要的电流产生过程是发射体材料铑（^{103}Rh）与中子发生辐射俘获反应（n，γ）

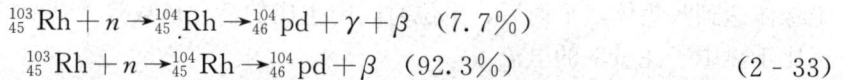

$$^{103}_{45}\mathrm{Rh} + n \rightarrow ^{104}_{45}\mathrm{Rh} \rightarrow ^{104}_{46}\mathrm{pd} + \gamma + \beta \quad (7.7\%)$$

$$^{103}_{45}\mathrm{Rh} + n \rightarrow ^{104}_{45}\mathrm{Rh} \rightarrow ^{104}_{46}\mathrm{pd} + \beta \quad (92.3\%) \qquad (2\text{-}33)$$

田湾核电厂自给能中子探测器的发射体材料为铑，绝缘体为氧化铝材料，收集体为不锈钢。田湾核电厂自给能探测器结构如图 2-24 所示。

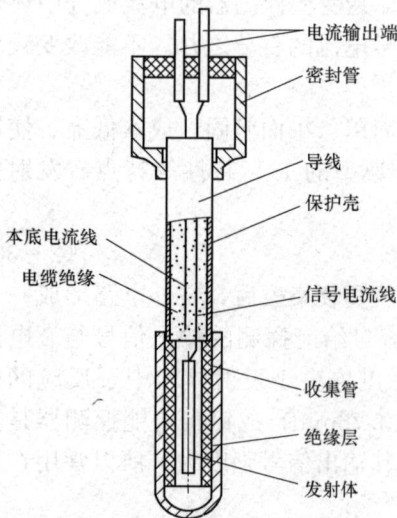

2. γ 衰变自给能探测器

γ 衰变自给能探测器又称瞬时响应自给能探测器、内转换自给能探测器，发射体材料主要有钴、钒、镉等。发射体原子核俘获中子之后形成处于激发状态的复合核，复合核退激过程中发射 γ 射线。γ 射线与探测器材料通过康普顿散射、光电效应以及产生电子对等相互作用，转换为荷能电子，这些电子的发射就形成了探测器的电流。

瞬变型自给能探测器的发射体（如 ^{59}Co）与中子发生（n，γ）反应，形成激发核，激发核通过放出中子俘获 γ 射线回到基态，俘获 γ 射线以一定的概率在发射体和绝缘体中打出康普顿电子和光电子，在外电路形成一个正比于中子注量率的电流。瞬变型探测器要经过二次相互作用才能将中子转换成电子，其转换效

图 2-24　田湾核电厂自给能探测器示意

率很低，只有 β 衰变过程的 1%～2%，但是这类探测器能反映注量率的瞬时变化。

钴自给能探测器是常用的瞬发型自给能堆芯中子探测器，它除具有自给能探测器的一般

优点外，还具有对中子注量率变化响应较快（约 10s）的突出特点，因此，钴自给能探测器既能用于连续监测反应堆堆芯中子注量率分布和变化，又可用作功率控制和功率保护系统的堆芯探测元件。

钴探测器的工作原理是基于其发射体^{59}Co 俘获中子后立即产生俘获 γ 射线，这些瞬发 γ 射线在发射体和绝缘体内打出康普顿电子和光电子，其中一部分电子穿透绝缘体到达收集体，在外电路形成一个正比于中子注量率的信号电流

$$I_{\text{balance}} = KP_c q\, \sigma_a N\Phi$$

因此

$$\Phi = \frac{I_{\text{balance}}}{KP_c q\, \sigma_a N} \tag{2-34}$$

式中：K 为探测器的效率因子；σ_a 为发射体的热中子俘获截面（靶）；q 为电子电荷（C）；N 为发射体原子数密度；Φ 为热中子注量率（$cm^{-2}s^{-1}$）；P_c 为转换概率，即发射体内每次中子俘获产生的可测电子的概率。

由式（2-34）不难看出，钴探测器的信号电流与入射的中子注量率成正比，从而实现探测中子注量率的目的。

与 β 流自给能探测器相比，γ 衰变自给能探测器的响应更快，因此又称瞬时响应自给能中子探测器，但它的灵敏度较低，一般可用于反应堆安全和控制系统，而 β 流自给能探测器可以用反应堆堆芯中子注量率分布的精确测量。

图 2-25 所示是在与铑、钒探测器相同的辐照位置上，测量的钴探测器快速停堆时间响应的结果（各输出电流在停堆前定为 1.0 基准），快速停堆时，输出电流急速下降，然后随时间缓慢变化，降低到快速停堆前电流值的 1%～2%，与其他探测器相比，时间响应更快。

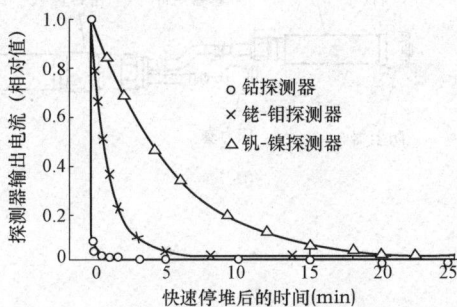

β 流自给能中子探测器的缺点是响应较慢，若采用反函数放大器就可以解决响应较慢的问题，使时间常数为几十秒或几百秒的探测器能在总时间常数仅为几秒的系统中使用。

图 2-25 自给能探测器的响应时间比较

3. 自给能探测器组件

对于第三代轻水堆核电厂，普遍采用自给能中子探测器的组合体作为堆芯中子注量率的探测设备。某典型压水堆一体化探测器如图 2-26 所示，SPND 组合在堆芯仪表一体化探测器中，它由自给能探测器、2 支热电偶、3 支加热式热电偶、1 支堆芯出口热电偶以及密封件等结构组成，中子探测器由 7 个铑材质的子给能探测器（发射体在堆芯总高度上等距分布）、一个背景探测器（覆盖整个核心高度）组成。所有传感元件都安装在 Inconel 600 外护套管内。

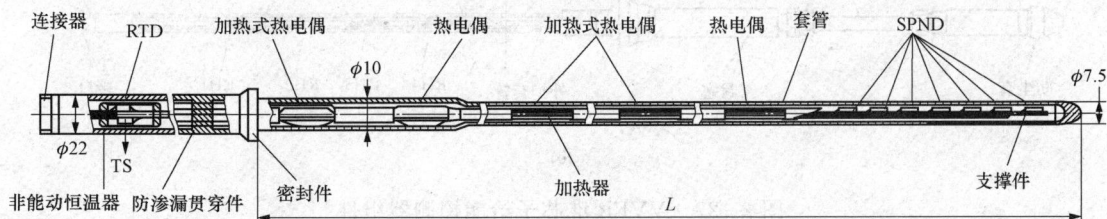

图 2-26 某压水堆的一体化探测器

用于 VVER 反应堆的典型堆芯一体化探测器组件如图 2-27 所示。该组件由 4 个铑材质自供电探测器、1 个全堆芯高度钒材质探测器、1 个全堆芯高度背景探测器和一个堆芯入口热电偶组成。铑材质发射器的直径分别为 0.5mm 和 1.0mm。所有传感元件都安装在 Inconel 600 外护套管内，组件的外径为 7.5mm，长度 10～12m，每个 SPND 都配备有单独的电缆，密封装置确保二级防泄漏屏障。所有组件配备校准通道用于校准集成的 SPND，设计通过使用机械分离确保 SPND 免受相互影响，且设计满足抵抗 LOCA（冷却剂丧失事故）。

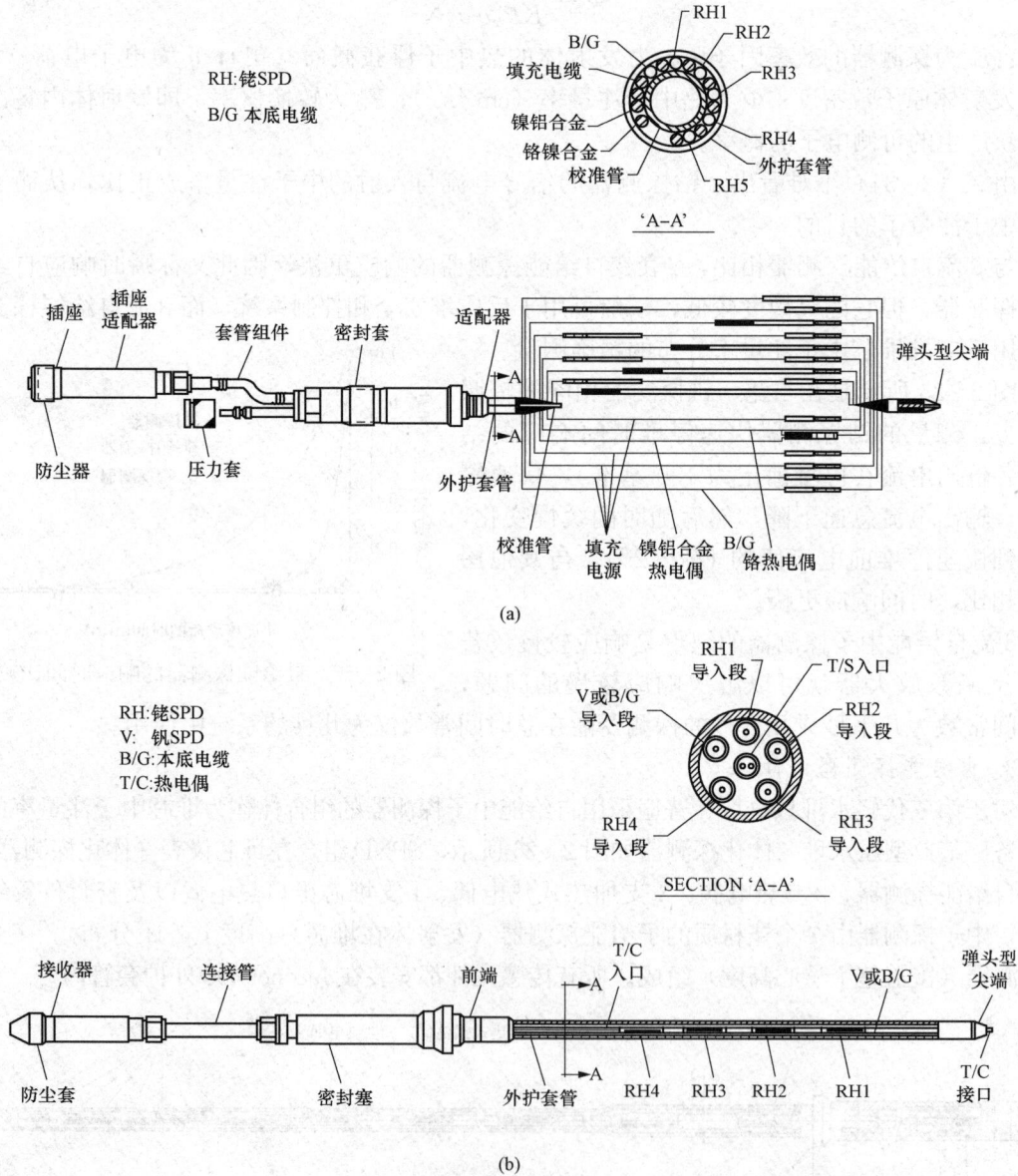

图 2-27　VVER 堆芯子给能探测器组件
（a）底部安装的 VVER 一体化探测器组件；（b）顶部安装的 VVER 一体化探测器组件

除了监测中子注量率（正比于功率密度）外，该一体化探测器组件的功能还包括：①燃料组件入口和出口以及反应堆上半部内的冷却剂温度；②事故状态下的反应堆堆芯温度；③每个燃料组件的冷却剂流量；④RPV冷却剂液位。

3 压水堆核电厂中子注量率检测系统

测量中子注量率的首要目的是检测反应堆的核功率以及核功率密度分布。当反应堆临界时，反应堆中子注量率的空间、时间分布是稳定的，其分布形态如图 3-1 所示，但均值随功率水平变化。

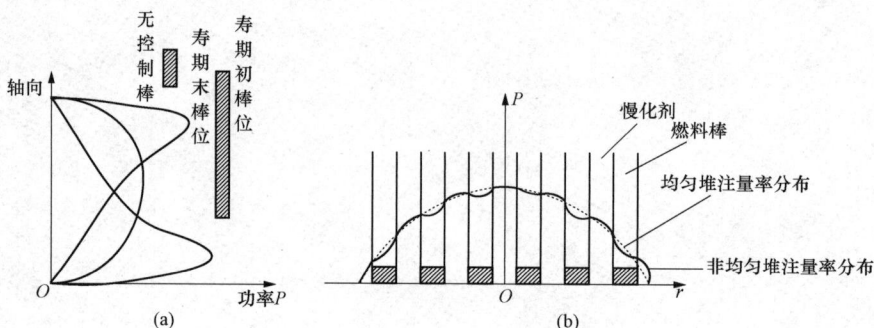

图 3-1 圆柱形均匀裸堆功率分布示意
(a) 轴向功率分布；(b) 径向功率分布

空间某一位置上裂变反应的反应率 R 等于宏观裂变截面 Σ_f 与当地中子注量率 $\Phi(r)$ 的乘积

$$R = \Sigma_f \Phi(r) \tag{3-1}$$

核功率密度为

$$P_n = E_f R = E_f \Sigma_f \Phi(r) = E_f \sigma_f N_f \Phi(r) \tag{3-2}$$

式中：E_f 为每次裂变平均释放能量，约为 200MeV；σ_f 为核燃料的裂变微观截面；N_f 为核燃料的核密度。

在较短时间内，σ_f 和 N_f 的变化不大，因此，堆芯的核功率密度与当地中子注量率成正比，可以通过测量堆芯的中子注量率的分布来测量核功率的空间分布。需要指出的是，Σ_f、Φ 等是空间位置和时间的函数，核功率的测量需要定期标定。

利用中子注量率对核功率进行测量具有以下特点：

(1) 测量范围宽：反应堆从停闭到满功率运行，中子注量率要变化 11 个数量级。

(2) 连续监测：反应堆能在任意功率水平上进行中子增殖，任何时刻任何功率水平下，都必须监测中子水平。

(3) 响应速度快：反应堆引入大的正反应性，功率很快上升。

(4) 仪表需能够对 γ 射线等辐射产生的噪声信号进行有效抑制或处理。

压水堆核电厂的中子注量率测量系统分为堆内中子注量率检测系统和堆外中子注量率检测系统两部分。堆内核测系统的测点布置在堆芯内，堆外核测系统的测点布置在压力容器外混凝土生物屏蔽层内。

3.1 堆 外 核 测 系 统

部分裂变产生的中子和 γ 射线可以穿透屏蔽层和压力容器，从而被堆外核测系统测量。

堆芯外中子注量率要低于堆芯内约 10^3 数量级。对于均匀的反应堆，理论上堆芯外的中子注量率应与反应堆的核功率成正比，然而在实际情况中，由于堆芯功率畸变等种种原因，堆外核测系统的测量值需要进行一定校正才能反映核功率水平。

堆外核测系统的主要功能测量和记录反应堆功率水平、功率变化速度，向核电厂仪控系统提供信号，具体包括：①向功率调节系统提供数据和信号；②向反应堆保护系统提供多个紧急停堆信号和允许信号及报警信号，用于核电厂安全保护。

堆外核测仪表系统覆盖 11 个中子注量率数量级，使用源量程、中间量程和功率量程 3 个测量量程，每相邻的两个量程，都有部分重叠。仪器仪表的最高量程（功率量程）大体上跨过两个数量级。这一量程与中间量程通道的高端重叠，并给出功率运行的线性显示。以某二代压水堆核电厂为例，三个量程共有八个独立的保护通道，分别是两个源量程通道、两个中间量程通道、四个功率量程通道。堆外核测系统的测量范围及系统布置如图 3-2 所示。

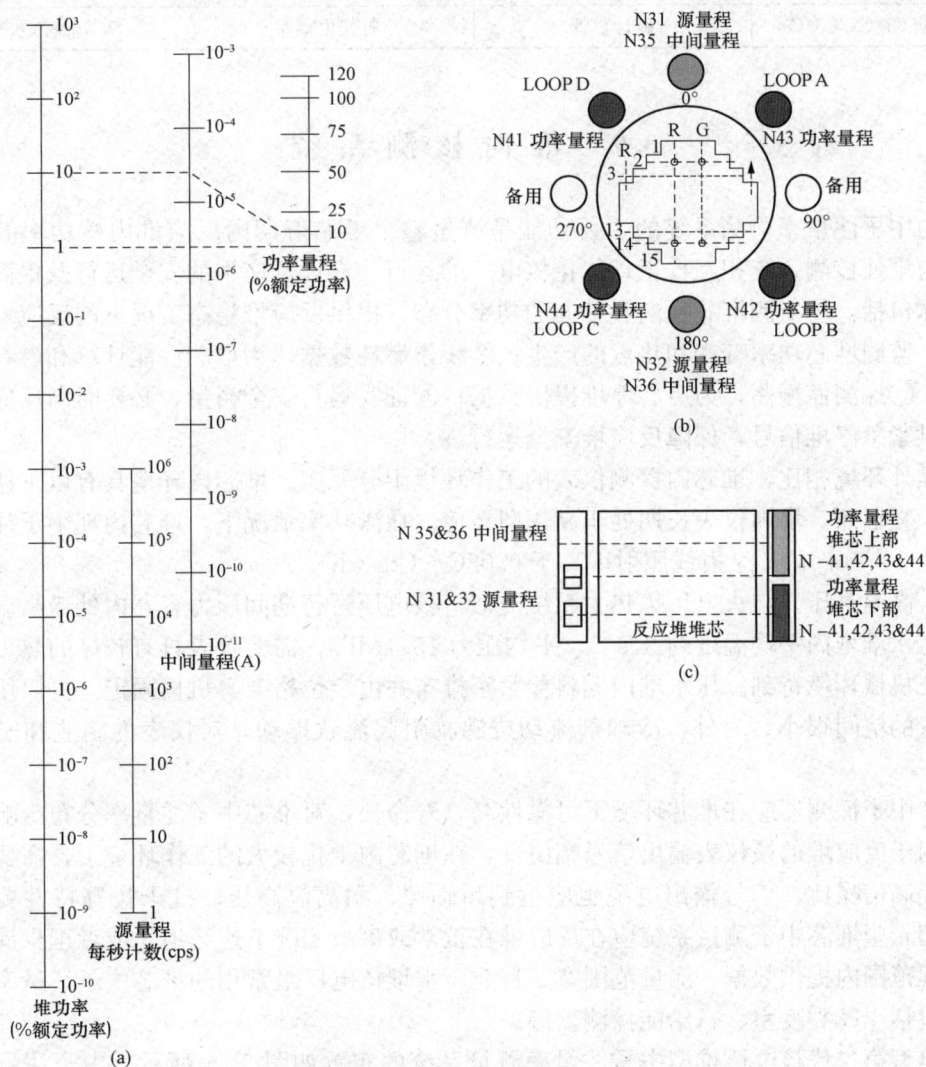

图 3-2　堆外核测系统的测量范围及系统布置
（a）量程；（b）周向布置；（c）轴向布置

压水堆堆外核测系统常用的中子探测装置包括 BF₃ 正比计数管、涂硼室（包括涂硼正比计数管、涂硼电离室、γ 补偿电离室）、长中子电离室、^{235}U 裂变室等。我国部分堆型堆外中子探测器见表 3-1。

表 3-1　　　　　　　　　　我国部分堆型堆外中子探测器

机型	启动量程	中间量程	功率量程
AP1000 机组	BF₃ 计数管	裂变电离室	两段式涂硼电离室
EPR 机组	硼计数管	γ 补偿电离室	多段式涂硼电离室
VVER1000 机组	BF₃ 计数管	裂变电离室	两段式涂硼电离室
M310 机组	硼计数管	γ 补偿电离室	六节涂硼电离室
高温气冷堆	硼计数管	裂变电离室	裂变电离室
CANDU 机组	BF₃ 计数管	γ 补偿电离室	γ 补偿电离室
秦山一期 C1/C2/C3/C4	硼计数管	γ 补偿电离室	两节涂硼电离室

3.2　堆 内 核 测 系 统

堆内中子注量率检测系统的主要功能是测量整个堆芯寿期内反应堆内核功率的三维分布，并与堆外核测系统相互校正，优化核电厂的运行，保证反应堆的安全运行及提高经济效益。具体包括：①监测堆芯径向和轴向的功率分布，提供反应堆稳态工况下的反应堆功率状态信息，监测堆芯功率畸变和热点的产生；②积累燃耗数据，为堆芯性能计算和燃料管理提供数据；③探测氙振荡，为启、停堆提供数据；④证实运行安全裕量，必要时向反应堆保护系统提供紧急停堆信号，保障反应堆安全运行。

与堆外环境相比，堆芯内探测仪表的工作环境十分恶劣。堆芯内环境具有以下特点：

（1）强辐照。堆内仪表长期处于高辐照环境。在满功率情况下，堆芯内部中子注量率峰值可高达 $10^{14}\,cm^{-2}\,s^{-1}$，γ 射线照射率高于 0.02C/（kg·h）。

（2）高温高压。与火电厂等热力系统类似，核电厂运行期间压力容器内处于高温高压的环境。压水堆堆内平均温度约 310℃，平均压力 15.5MPa，需要仪表具有较好的热力性能。

（3）机械环境苛刻。压水堆内燃料棒紧密排布并由定位格架等机构固定，可以用来安装探测装置的空间很小。另外，冷却剂流动或沸腾引起流致振动，对仪表的制造和安装要求较高。

堆芯中子探测器应在堆芯环境下可靠性高，寿命长，对堆芯中子注量率分布影响小。大多数应用于反应堆的核仪表输出信号幅值低，在堆芯内干扰较大的工作环境下，需要采取一定措施提高信噪比。信号输出电缆也应达到耐辐照、耐高温高压、抗干扰等特性要求。此外，我们希望堆芯中子测量系统应在反应堆在正常或事故工况下连续地，或者至少周期性地在其量程范围内提供数据，测量范围宽。目前压水堆核电厂最常用的堆芯中子注量率探测仪表主要包括^{235}U 裂变室、自给能探测器等。

某典型第二代核电厂堆型中子注量率测量系统的布置如图 3-3 所示。中子注量率测量导向管布置在部分燃料元件径向中央位置，其内部有可上下移动的中子探测器。导向管套管作为反应堆承压和大气压之间的压力边界，在电站正常运行期间是不动的，只有在减压换料或堆芯维修期间，可伸缩的导向套管才从堆芯抽出。

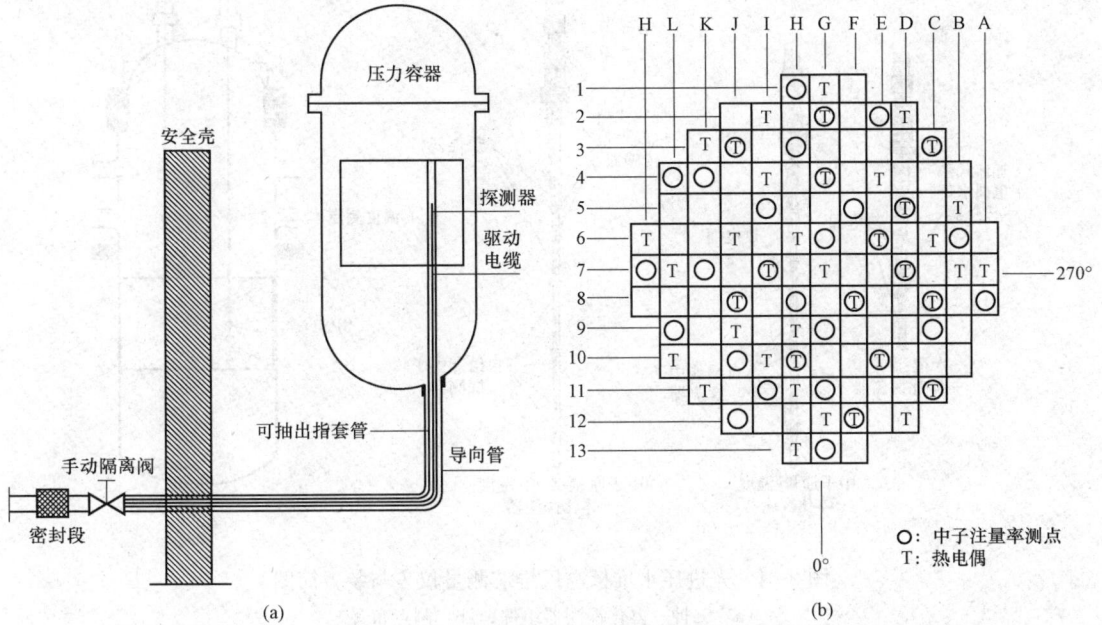

图 3 - 3　堆芯测量仪表导向管布置示意
（a）纵截面；（b）横截面

　　移动式的堆芯中子注量率测量系统，机械设备一部分安装在堆坑和堆芯仪表间，包括指套管、导向管、导向管贯穿件、导向管支架、密封组件、手动阀、止回阀等，用于保证一回路压力边界完整性；另一部分安装在堆芯仪表间，包括驱动装置、选择器、连接管、电动阀，用于驱动和控制移动式微型裂变室进出堆芯。

　　以 M310 堆型为例，将 RIC 系统的燃料组件出口温度和堆芯中子注量率测量分成两个完全独立的子系统，使用独立的传感器和测量通道。燃料组件出口温度测量子系统通过安装在上部堆内构件的 4 个热电偶柱将 40 支 K 型热电偶插入预定的测点，这些温度信号分成 A、B 两列送到位于电气厂房（LX）的 2 个堆芯冷却监测机柜（ICCMS）。中子测量探头通过压力容器底部的 50 个导向管插入堆芯中，中子测量探头采用微型裂变室，有 5 个中子探头周期地伸入导向管测量中子注量率。压力容器内水位测量采用差压计法，反应堆压力容器底部需开孔。

　　与二代核电厂不同，三代压水堆核电厂普遍采用一体化探测器进行中子注量率、温度以及液位的探测。先进压水堆核电厂堆芯测量仪表与装置简图见图 3 - 4。

　　AP1000 核电厂堆芯中子注量率测量和堆芯出口温度测量热电偶封装在一个组件内，组成堆芯仪表套管组件，每个组件内包含 7 个自给能中子探测器和 1 支热电偶，自给能中子探测器中发射体是钒，属 β 流中子探测器。AP1000 共有 42 个中子温度探测器，从压力容器顶部的 8 个 Quickloc 快速连接装置插入反应堆内。

　　AP1000 堆芯中子注量率测量采用的是固定式自给能中子探测器，这种固定式堆芯测量系统是将测量用探测器通过密封的不锈钢管从压力容器顶部的贯穿件伸入堆内进行定位和固定安装。固定式堆芯中子测量元件通常选用自给能中子探测器，并根据功能需要在同一个管

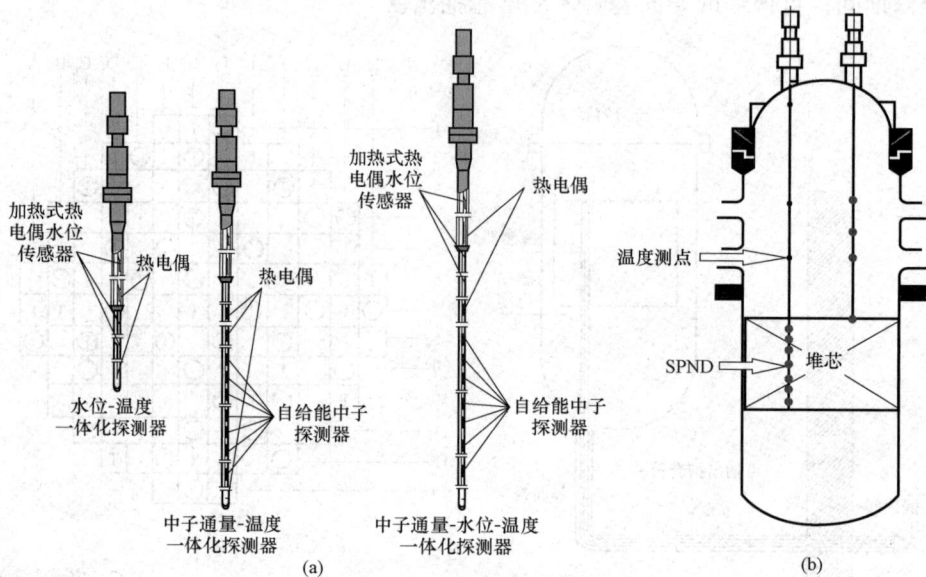

图 3-4 先进压水堆核电厂堆芯测量仪表与装置简图
(a) 三种一体化探测器组件；(b) 测点布置

内集成温度或水位测量功能。固定式堆芯测量系统不需要移动式配备的驱动装置、选择器、各种阀门、密封组件和控制系统，简化了设计，由于无运动机械部件，不需要压力容器底部开孔，提高了可靠性。

如图 3-5 所示，AP1000 在总共 157 组燃料组件的 42 组中设置了测量通道导向管，安装有自给能中子探测器的堆内仪表套管组件（IITA），通过反应堆压力容器顶盖插入这些燃料组件的导向管内，自给能探测器位于堆芯活性区。每个仪表套管组件内置有 7 个自给能中子探测器和 1 个热电偶（测量堆芯冷却剂出口温度），采集到的堆芯中子注量率信号通过电缆从压力容器顶盖穿出传送到堆芯在线监测系统接口应用服务器，然后传送到堆芯在线监测系统，生成三维堆芯功率分布信息。堆芯出口热电偶温度信号则分别送至多样化驱动系统及保护和安全监测系统机柜，用于监测堆芯出口温度。

AP1000 堆芯中子注量率测量的自给能探测器发射体采用钒材料（^{51}V），为了减少背景噪声的影响，每个堆芯仪表套管组件中的 7 个钒探测器长度各不相同，其中 1 个钒探测器的灵敏带对应整个堆芯高度，约 14ft（1ft＝0.3048m），其余 6 个钒探测器的长度以最长钒探测器 1/7 的长度顺序依次递减，通过对比长度相邻的两个探测器输出信号的差值，获得 7 个堆芯等长区域对应的中子注量率信号，从而获得三维堆芯功率分布信息。堆芯仪表套管组件如此设计，可以减少钒自给能探测器背景噪声的影响。与铑探测器相比，采用钒探测器的好处是使用寿命更长，在 $10^{14}\,cm^{-2}s^{-1}$ 的中子注量率下钒探测器的燃耗是每年约 1.6%，同时信号处理更为简单。

由于组装在一个仪表套管组件内，7 个自给能中子探测器和 1 个热电偶从组件信号引出后的电缆是一体的，该电缆通过一体化顶盖后，通过一分二矿物绝缘电缆组件，7 个自给能中子探测器信号（与信号处理机柜连接）和热电偶信号分别传送至不同的机柜。其中 42 组自给能中子探测器信号均分成两路传送至 2 个信号处理机柜，把弱电流信号转换成数字信号。每个机柜处理 147 个信号，2 个机柜共产生 294 个数字信号，这些数字信号经过两个独

	R	P	N	M	L	K	J	H	G	F	E	D	C	B	A
								180°							
1															
2					1X	SD4	2X	MC	3X	SD4	4X				
3						M2	SD2		SD2	M2					
4			5X	MB	6X	AO	7X	M1	8X	AO	9X	MB	10X		
5				M2	SD1		SD3		SD3		SD1	M2			
6		SD4	11X	AO	12X	MA	13X	MD	14X	MA	15X	AO	16X	SD4	
7		17X	SD2		SD3		SD1		SD1		SD3		SD2	18X	
8	90°	MC	19X	M1	20X	MD	21X	AO	22X	MD	23X	M1	24X	MC	270°
9		25X	SD2		SD3		SD1		SD1		SD3		SD2	26X	
10		SD4	27X	AO	28X	MA	29X	MD	30X	MA	31X	AO	32X	SD4	
11				M2	SD1		SD3		SD3		SD1	M2			
12			33X	MB	34X	AO	35X	M1	36X	AO	37X	MB	38X		
13						M2	SD2		SD2	M2					
14					39X	SD4	40X	MC	41X	SD4	42X				
15															
								0°							

注：X为堆内探测器/热电偶位置。

图 3-5　探测器位置图

立的通信链路传送到安全壳外，因此减少了电缆的数量和贯穿件的数量。数字信号通过高速以太网传送到应用/数据链服务器，然后再传送到专用的三维堆芯功率分布计算软件（BEACON）。BEACON 处理数据并计算出反应堆的三维堆芯功率分布，用于刻度反应堆 ΔT 超温和超功率停堆整定值。结合其他参数信号，还可评估偏离泡核沸腾比（DNBR）和线性功率密度（LPD）的裕量。42 个堆芯出口热电偶信号中的 4 个送到安全壳外的多样化驱动系统（DAS）机柜，38 个信号送到安全壳外的保护和安全监测系统（PMS）机柜。

EPR 核电厂堆芯中子注量率测量系统采用了两套原理和设计完全不同的装置实现对反应堆堆芯中子注量率的测量，即气动球测量系统（AMS）和自给能中子探测器（SPND）。

（1）气动球中子测量装置（AMS）。是一种通过中子活化分析来测量反应堆堆芯中子注量率和反应堆功率密度分布的方法。在燃料组件内安装有专门的测量孔道，一系列的高中子俘获截面的金属球被气动系统"吹"入测量孔道内，待活化一定时间后，再把这些金属球"抽回"，通过离线测量其放射性水平，从而得到相应活性区的中子注量率水平。此种方法由于是离线测量活化球的感生放射性，所以只能用来进行定期的巡检和标定、校准，无法实现反应堆堆芯中子注量率的实时测量。

EPR 的 AMS 共包括 40 个测量通道，当需要进行反应堆中子注量率测量时，金属球被由计算机精确控制的氮气流送入堆内 40 个测量通道，每个通道内金属球的累积高度与堆芯轴向高度保持一致，结构见图 3-6。金属球材料为钒，直径 1.7mm。经过一定时间的辐照活化后，金属球由堆芯送至测量台测量活度，AMS 计算机对测量结果进行计算修正，得到各小球对应位置上的功率密度值，进而得到堆芯的三维功率分布。通过该系统提供的测量数据，可以：①校准自给能中子探测器（SPND）；②校准堆外中子探测器；③校准保护系统阈值；④检查堆芯布置、燃耗情况及探测异常状况。

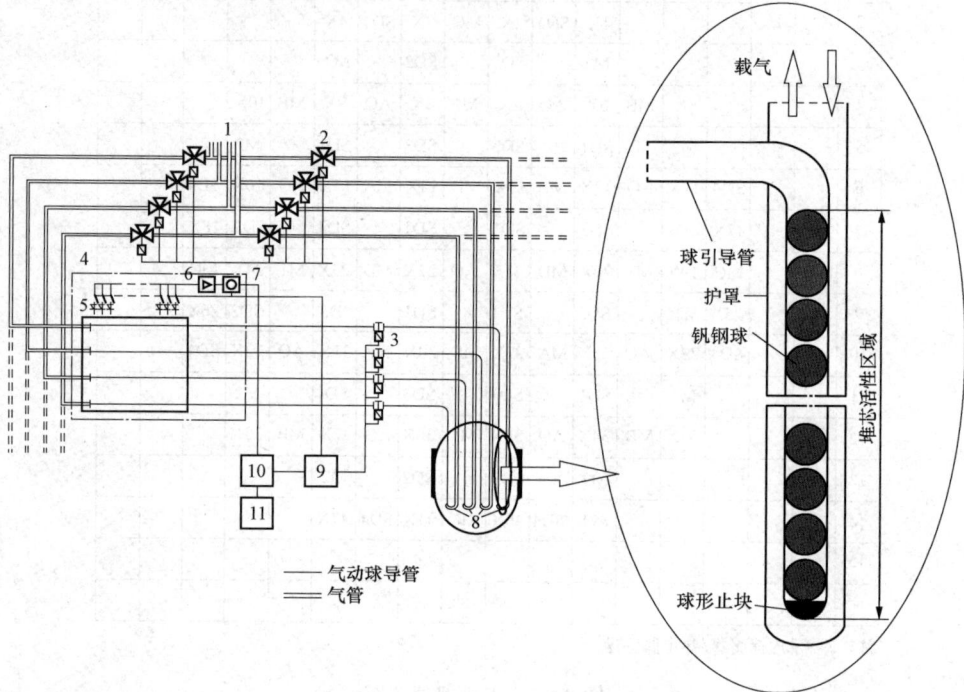

图 3-6　EPR 的 AMS 结构示意

1—供气管线；2—调节阀；3—收球区；4—测量台（10 道）；5—数据测量区；6—放大器；7—计数器；
8—指套管；9—负载机柜；10—AMS 控制器；11—过程信息及控制系统（PICS）

（2）自给能中子探测器（SPND）。除了 AMS，EPR 在堆芯中子注量率测量上还配置了一套自给能中子探测器（SPND），使用钴（^{59}Co）作为自给能中子探测器材料。

在 EPR 整个 241 组燃料组件内，共选定了 12 组设置有 SPND 的测量组件导向管，如图 3-7 所示。每个 SPND 探测器内有 6 个沿堆芯轴向高度均匀布置的钴自给能探测元件，执行的功能包括：①监测典型堆芯参数；②控制轴向功率畸变；③限制运行条件（LCO）的堆芯监测；④堆芯保护。由于要参与反应堆的保护功能，12 个 SPND 探测器根据保护系统的功能设置分成 4 个系列，每个系列包括 3 个探测器。同一系列探测器产生的探测器信号送入相同分区的仪控机柜中进行处理。

如图 3-8 所示，堆芯测量装置由 12 个自给能中子-温度探测器、40 个气动球中子注量率测量通道、1 个压力容器由封头内热电偶温度测点和 4 个水位探测器组成。

AP1000 与 EPR 堆芯中子注量率测量装置相比，存在以下几方面的差别：

1）堆芯的设计理念方面：AP1000 堆芯的设计理念上仍保持与传统核电厂一致，采用反应堆 ΔT 超温和超功率停堆的保护。AP1000 采用固定式自给能中子探测器，实现反应堆功率的在线测量，但由于中子注量率测量系统只提供数据和三维注量率图的绘制，而不直接参与核电厂的控制和保护，对偏离泡核沸腾比（DNBR）和线性功率密度（LPD）的裕量只是用评估；而 EPR 在中子注量率测量上采用 AMS 和 SPND 系统，AMS 测量时间约 10min，在 $10^{12}\sim5\times10^{15}\,cm^{-2}\,s^{-1}$ 量程范围内绘出高精度（1%）的堆芯三维功率分布图，但不能用于连续测量。SPND 系统采用钴自给能中子探测器，在进行反应堆中子注量率在线测量的同时，通过反应堆偏离泡核沸腾比（DN-BR）和线性功率密度（LPD）裕量与设定阈值的比较，实现对反应堆的保护功能。

2）中子探测器的材料方面：AP1000 自给能中子探测器中发射体是钒，属 β 流探测器，对中子注量率变化响应慢（约 13min），但寿命长，一般可达 10 年；EPR 自给能中子探测器中发射体是钴，对中子注量率变化响应快（约 10s），不仅用于连续监测和描绘堆芯中子注量率分布和变化，还能直接参与反应堆的保护和控制，但寿命较短，一般达 6 年左右。

3）系统结构方面：AP1000 中子注量率测量系统相对简单，而 EPR 的复杂得多，尤其是 AMS 系统，使压力容器的贯穿件和安全壳的电气贯穿件的数量大大增加。

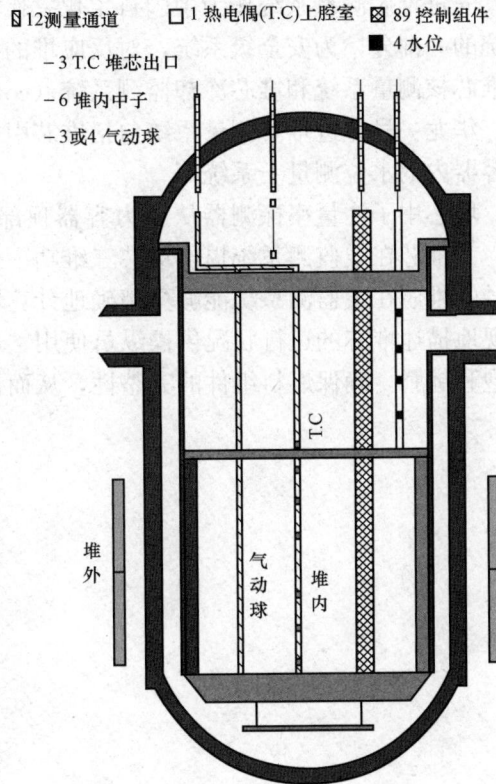

图 3-7 EPR 核电厂堆芯测量装置简图

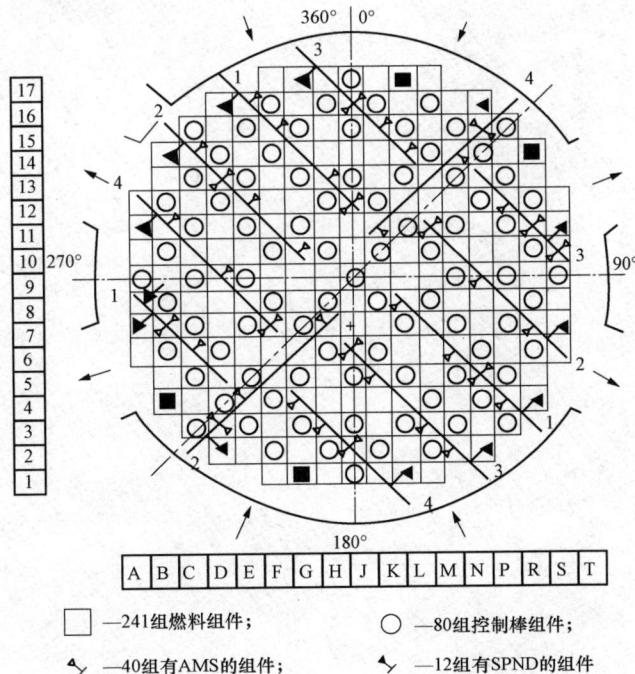

图 3-8 EPR 堆芯燃料和仪表组件布置图

先进堆芯测量系统作为中国自主化三代核电厂的一个关键系统，属于核电厂事故后监测系统的一部分，为安全级系统，对反应堆的安全运行具有重要的作用。先进堆芯测量系统包括堆芯核测量系统和堆芯冷却监测系统（core cooling monitoring system，CCMS）。

华龙一号先进堆芯测量系统包括堆芯中子注量率测量子系统、堆芯温度测量子系统和压力容器内的水位测量子系统等。

堆芯中子注量率探测器从压力容器顶部插入堆芯，实时测量并计算堆芯中子注量率分布，为堆芯在线监测系统提供堆芯三维功率分布等计算的输入数据。采用堆内自给能探测器信号的堆芯在线监测系统能够更精确地计算堆内的线功率分布、线功密度和DNBR，能准确直观地描述堆芯的运行状况供操纵员使用，从而更有效地防止燃料棒线率密度超限和发生偏离饱和沸腾，确保燃料组件的完整性，从而提高核电厂的安全性。

4 堆芯冷却剂温度检测

根据传感器测量原理的不同，测温仪表可分为接触式测温仪表和非接触式测温仪表两大类。接触式测温仪表主要包括膨胀式温度计、热电偶温度计和热电阻温度计等，其中热电偶温度计和热电阻温度计被广泛应用于核电厂冷却剂温度的测量。热电偶作为工业中常用的温度传感器，具有构造简单、测量范围广、制造和使用方便等优点，是核电厂堆芯冷却剂温度测量的主要工具。

压水堆核电厂反应堆堆芯冷却剂出口温度的测量用来提供反应堆燃料压力容器压力容器内冷却剂的温度信息，以保证反应堆的安全运行。

4.1 热电偶温度计

4.1.1 热电偶测温原理

如图 4-1 所示，A 和 B 两种导体或半导体组成一个闭合回路，若它们的两个接触点的温度不同，则在回路中会产生电动势，这就是热电现象。热电效应又称塞贝克（Seeback）效应，热电偶测温就是通过"热电效应"实现的。在热电偶测温回路中，A 和 B 称为热电极，两个接触点一端置于被测介质中，称为热端（或测量端），另一端称为冷端（或参照端）。若在测量回路中电压显示仪表，就可对冷端和热端之间的电势差进行测量，从而测得两端之间的温差。

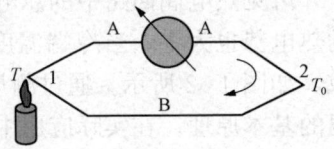

图 4-1 热电偶基本结构示意

热电偶两端的电势差由单一导体的温差电动势和两种导体的接触电动势构成。如图 4-1 所示回路中总电势 $E_{AB}(T, T_0)$ 为

$$E_{AB}(T, T_0) = e_1(T) - e_2(T_0) - e_A(T, T_0) + e_B(T, T_0) \tag{4-1}$$

式中：$e_1(T)$ 和 $e_2(T_0)$ 分别为接触点 1 和 2 处的接触电势；$e_A(T, T_0)$ 和 $e_B(T, T_0)$ 分别为材料 A 和 B 的两端的温差电势。

对于导体来说，接触电势是由于相互接触的两种导体自身的自由电子密度不同导致自由电子从密度高处向密度低处扩散而产生的电势，它的大小只与相互接触的两种金属 A 和 B 的材质（主要与金属的电子逸出功有关）以及接触点 1 的温度 T 和接触点 2 的温度 T_0 有关，与 A 和 B 的形状、长短和粗细无关。接触电势的大小可表示为

$$e_1(T) = \frac{k}{e} T \ln \frac{N_A}{N_B} \tag{4-2}$$

$$e_2(T_0) = \frac{k}{e} T_0 \ln \frac{N_A}{N_B} \tag{4-3}$$

式中：T 为绝对温度；k 为玻尔兹曼常量，$k = 1.38 \times 10^{-23} \text{J/K}$；$e$ 为电子电荷量，$e = 1.6 \times 10^{-19} \text{C}$；$N_A$ 和 N_B 分别为两种金属材料的自由电子数密度。

因此回路中的总接触电势为

$$e_1(T) - e_2(T_0) = \frac{k}{e}(T - T_0)\ln\frac{N_A}{N_B} \tag{4-4}$$

温差电势主要由汤姆逊（Thomson）效应产生，指一根均质单一导体在两端温度不同的情况下产生的电动势。这是由于温度较高一端的电子能量高，向低温端扩散的数量较多，使低温端获得电子从而带负电，达到动态平衡后使导体两端带有电势差。温差电势可表示为

$$e_A(T, T_0) = \int_{T_0}^{T} \kappa_A \mathrm{d}T \tag{4-5}$$

$$e_B(T, T_0) = \int_{T_0}^{T} \kappa_B \mathrm{d}T \tag{4-6}$$

式中：κ 为汤姆逊系数，表示导体内单位温差所产生的电动势，与材料性质和温度有关。温差电势一般在 $10^{-5}\mathrm{V}$ 量级，远小于接触电势。

因此由式（4-7）可以得到有 A 和 B 两种材料构成的热电偶回路中的总电动势 $e_{AB}(T, T_0)$ 为

$$\begin{aligned} e_{AB}(T, T_0) &= \left[e_1(T) - \int_0^T (\kappa_A - \kappa_B)dT \right] - \left[e_2(T_0) - \int_T^{T_0} (\kappa_A - \kappa_B)\mathrm{d}T \right] \\ &= f(T) - f(T_0) \end{aligned} \tag{4-7}$$

可见热电偶回路中的总电动势是热端和冷端温度的函数。若热电偶两端温度相同，则总的热电势也为零。当冷端温度 T_0 保持不变时，热电势 $e_{AB}(T, T_0)$ 为热端温度 T 的单值函数，如图 4-2 所示。通过测量回路的热电势从而得到热端（测量端）的温度就是热电偶测温的基本原理。在实际应用中，通常固定 $T_0 = 273\mathrm{K}$，采用实验的方法测出不同热端温度情况下所对应的热电势的值制成表格，称为热电偶分度表。

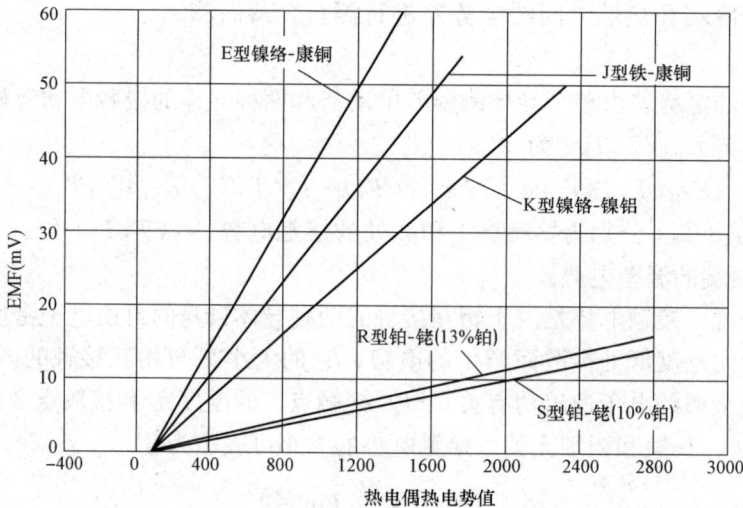

图 4-2　不同材料热电偶热电势随温度的变化（参考端温度 0℃）

从上述分析可知，热电偶具有以下特点：

（1）热电偶的两个热电极必须使用不同材料。否则即使两端温度不同，回路的总热电势

也为零。

（2）热电势的大小只与热电极材料和冷热端温度有关，与电极的接触面积、导体的粗细和长度、温度沿热电极的分布无关。

（3）中间导体定律和中间温度定律。热电偶温度计在实际使用中常常需要接入中间导线或补偿导线，其理论依据是热电偶的中间导体定律和中间温度定律。根据式（4-7）和式（4-8），对如图 4-3 所示的热电偶回路分别推导其回路中的总热电势，容易得到以下结论：

1）在电极 A 和电极 B 组成的热电偶回路中，连接入第三种导体 C，如图 4-3（a）所示，无论 C 以何种方式接入回路，只要保持 C 两端的温度相同，则回路的总热电势 $e_{AB}(T,T_0)$ 不变，即接入热电偶的导线或仪表等不会影响回路热电势测量，称为中间导体定律。

2）热电偶的 A 极和 B 极分别接入导体 A′ 和 B′，接入点的温度为中间温度 T_{ref}，如图 4-3（b）所示，有 $e_{AA'B'B}(T,T_0)=e_{AB}(T,T_{ref})+e_{A'B'}(T_{ref},T_0)$，称为热电偶的中间温度定律。当 A 与 A′、B 与 B′分别为相同材料时，可得到

$$e_{AB}(T,T_0)=e_{AB}(T,T_{ref})+e_{AB}(T_{ref},T_0) \tag{4-8}$$

因此在实际应用中当冷端温度 T_0 不为 273K 时，可利用已知的参考温度 T_{ref}、测得的热电势 $e_{AB}(T,T_{ref})$ 和热电偶分度表得到热端温度 T。

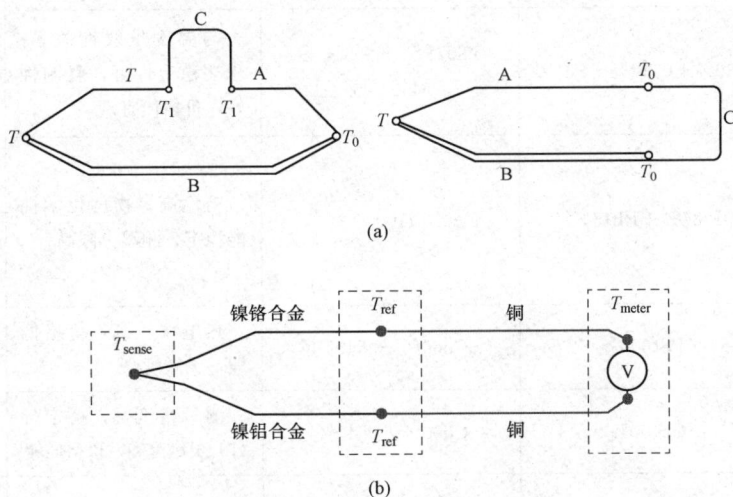

(a)

(b)

图 4-3 接入导体的热电偶回路
（a）中间导体定律；（b）中间温度定律

4.1.2 热电偶温度计的材料和结构

根据热电效应的原理，理论上任何两种性质不同的导体或半导体都可用作热电偶的热电极材料，但在实际工程应用中，我们希望热电极材料能够尽量满足以下要求：①灵敏度高，即同样温差下能输出较大的热电势；②准确度高，热电势随温度变化尽可能呈线性关系，从而易于测量；③稳定性高，热电特性稳定，即热电势与温度的对应关系受其他因素影响较小；④测量范围宽；⑤工艺性能好，易于批量生产加工；⑥物理、化学性能稳定，机械强度高。一般材料很难完全满足上述所有要求，通常纯金属热电极容易复制生产，但热电势较小，非金属热电极的热电势较大，但稳定性和复制性较差，而合金金属材料作为热电极，其

性能介于二者之间。一些合金热电偶材料经过大量实验和测试，被证明具有较好的测量效果，被广泛应用于工程领域。目前我国的热电偶按照 IEC 国际标准进行标准化生产，包括常用的 S、B、E、K、R、J、T、N 八种标号的合金热电偶，见表 4-1。

表 4-1 常见热电偶标号及材料

标号	热电偶名称	材料		特性	
		正极	负极	优点	缺点
S	铂铑$_{10}$-铂	Pt90%+Rh10%	Pt100%	精度高，易复制，测温上限高	价格昂贵，灵敏度低，不适于在高温还原介质中使用
B	铂铑$_{30}$-铂铑$_6$	Pt70%+Rh30%	Pt70%+Rh30%	测温上限高，较高的稳定性和机械强度，抗污染能力强	价格昂贵，灵敏度低，室温下热电动势比较小
E	镍铬-康铜	Ni89%+Cr10%+Fe1%	Cu55%+Ni45%	热电动势大，灵敏度高，价格便宜	抗氧化及抗硫化介质的能力差，测量上限较低
K	镍铬-镍硅	Ni89%+Cr10%+Fe1%	Ni97%+Si2.5%+Mn0.5%	与温度呈线性关系，化学稳定性好，复制性好，价格便宜	测量精度低，热电动势稳定性差
R	铂铑$_{13}$-铂	Pt87%+Rh13%	Pt100%	精度高，物理化学性能稳定，测温上限高	热电动势小，灵敏度低，高温易被侵蚀和污染，价格昂贵
J	铁-康铜	Fe100%	Cu60%+Ni40%	热电率较高，价格低廉，灵敏度高	抗氧化能力差
T	铜-康铜	Cu100%	Cu60%+Ni40%	测量精度高，稳定性好，灵敏度高，价格低廉	高温易氧化
N	镍铬硅-镍硅	Ni84%+Cr14%+Si2%	Ni95%+Si5%	廉价，抗氧化能力强	需要有保护管保护

以热电偶作为温度传感器的测温仪表在工业中应用非常广泛，根据其用途不同可设计成多种结构形式，常见的热电偶温度计包括普通型热电偶、薄膜型热电偶以及铠装热电偶等。压水堆堆芯内燃料组件冷却剂温度测量广泛使用 K 型铠装热电偶作为温度传感元件，具有结构简单、耐辐照、机械强度高、测量范围宽、响应速度快等优点，且测量精度较高，输出信号较强，便于仪控系统采集、传输、记录信号和实现自动控制。

铠装热电偶由热电极金属丝、绝缘材料和套管组成，如图 4-4 所示。套管多采用铜、不锈钢等合金材料，填充在热电极丝和套管之间的绝缘材料常用压紧的氧化镁或氧化铝等电阻率较高的金属氧化物粉末，热电极丝、绝缘材料和套管经过拉伸、锻造和焊接等工艺加工成坚实的整体。目前生产的铠装热电偶直径可低至 0.25mm，其长短根据使用需求可加工至百米以上。

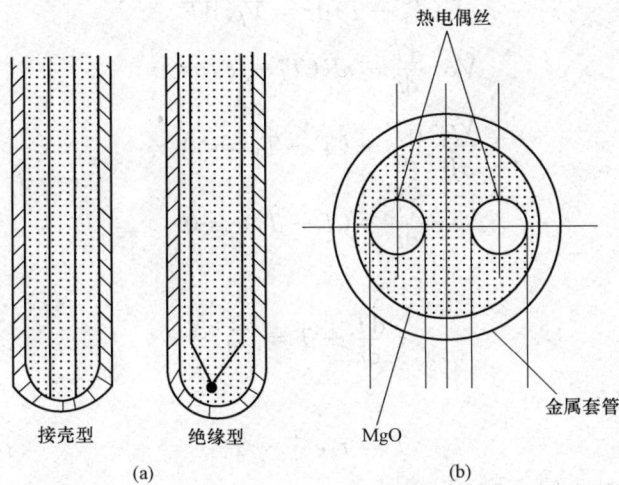

图 4-4 铠装热电偶的测量端

（a）纵截面；（b）横截面

需要指出的是，由于套管的存在，在非稳态的温度场测量中被测介质温度与热电偶热点温度之间存在温差，在用于冷却剂温度测量系统与反应堆保护系统的设计中应当予以考虑，尽量选择热容量小的铠装热电偶。

4.1.3 热电偶的动态特性

铠装热电偶的响应时间是铠装热电偶的重要性能指标，对于压水堆核电厂堆芯冷却剂出口温度的测量十分重要，关系到反应堆的安全运行。响应时间的快慢与铠装热电偶的结构形状、材料性能和应用环境等因素有关。

铠装热电偶在加热或冷却过程中所发生的现象十分复杂，在以下假设的基础上可以对铠装热电偶的时间常数进行分析推导：

（1）在铠装热电偶冷却和受热的整个过程中，周围介质温度保持不变，即 T=常数；

（2）铠装热电偶与介质的热交换条件固定不变，换言之，即散热系数与时间和温度无关，即散热系数 α＝常数；

（3）无论是在铠装热电偶的内部或是在它的外部，均没有任何其他热源；

（4）在铠装热电偶的内部不产生对流，整个系统中的热量传递仅由热传导来进行。

根据热交换理论和定律，在 $\mathrm{d}\tau$ 时间内，铠装热电偶测量端在介质中所吸收的热量等于

$$Q_{\mathrm{absorb}} = \alpha F(T_{\mathrm{f}} - T)\mathrm{d}\tau \tag{4-9}$$

式中：T_{f} 为介质温度；T 为铠装热电偶测量端温度，K；F 为铠装热电偶测量端的表面积；α 为换热系数。

另外，在 $\mathrm{d}\tau$ 时间内，铠装热电偶测量端内部热量的增加等于

$$Q_{\mathrm{increase}} = V\rho c\,\mathrm{d}T \tag{4-10}$$

式中：c 为测量端比热容；V 为测量端体积；ρ 为测量端的密度。

当两者处于平衡时，则有

$$Q_{absorb} = Q_{increase} \tag{4-11}$$

$$\alpha F(T_f - T)d\tau = V\rho c\,dT$$

即

$$V\rho c\frac{dT}{dt} - \alpha F(T_f - T) = 0 \tag{4-12}$$

$$\frac{V\rho c}{\alpha F}\frac{dT}{dt} + (T - T_f) = 0$$

$$\tau\frac{dT}{dt} + (T - T_f) = 0$$

令 $\tau = \dfrac{V\rho c}{\alpha F}$，得

$$\tau\frac{dT}{dt} + T = T_f \tag{4-13}$$

式 (4-13) 的通解为

$$T = c_1 e^{-\frac{t}{\tau}} + T_f \tag{4-14}$$

根据初始条件，$t=0$ 时，$T=0$，得

$$c_1 = -T_f \tag{4-15}$$

代入式 (4-14) 得

$$T = -T_f e^{-\frac{t}{\tau}} + T_f$$
$$T = T_f(1 - e^{-\frac{t}{\tau}}) \tag{4-16}$$

用 $t = \tau$ 代入式 (4-16) 得

$$T = T_f(1 - e^{-1})$$
$$T = 0.632T_f \tag{4-17}$$

这里 $\tau = \dfrac{V\rho c}{\alpha F}$ 为时间常数。从式 (4-17) 可知，当介质温度由一个温度阶跃变化到另一个恒定温度时，时间常数等于插入介质中的铠装热电偶测量端的温度达到整个温度变化范围或介质温度（初始温度为 0 情况下）的 63.2% 的所经过的时间。

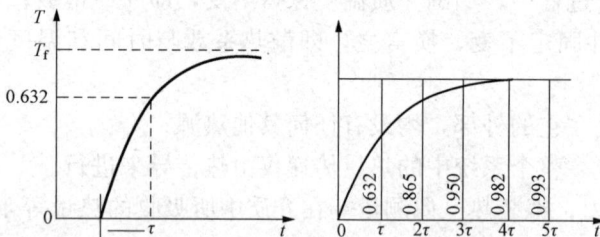

图 4-5　铠装热电偶在一阶阶跃下的温度变化曲线

对热电偶施加阶跃温度激励，理想状态下测温曲线应该是阶跃变化的，而实际测温曲线存在过渡过程，造成此状况的原因是热电偶具有传热热阻；且根据经验在施加阶跃温度信号的瞬间，热电偶的测温曲线不会发生变化，造成此状况的原因是热电偶具有热惯性，热惯性由构成热电偶材料的比热容与热电偶测量端的质量决定。热惯性是热电偶固有的特性，决定了热电偶在测量温度快速变化的情况下会产生测量误差，且无法避免。

4.1.4　铠装热电偶在堆芯冷却剂温度测量中的应用

用于堆内冷却剂温度测量的热电偶需选用核级热电偶设备。堆内的热电偶在高温、高压、高辐照的环境内工作，除应能够满足常规热动设备对测量元件的性能及技术需求（如高温高压

环境下电热特性、热导率、机械性能、使用寿命等）外，还应对材料的抗辐照性能予以考虑。

（1）中子吸收截面。选材应考虑采用中子吸收截面尽量低的材料，一方面可以降低辐照对热电偶本身的损伤，另一方面可以减小测温元件对堆内中子场的影响。

（2）辐照损伤。堆内存在各种能量的中子及 α、β、γ 等射线，将会影响热电偶的热点性能、机械性能和电气性能等。核反应使电极丝的材料嬗变从而成分发生变化，造成热电势的变化。辐照对金属氧化物制成的热电偶绝缘材料的性能也有不利影响。

（3）γ 射线致热。物质在吸收 γ 射线后会产生热量，相当于额外增加了内热源而升温，这必将引起感温元件的测量误差。γ 射线导致的温升与堆内 γ 射线剂量、热电偶材料的密度及 γ 射线的吸收率等因素有关。在测量系统的设计中 γ 射线致热导致的热电偶测温误差必须予以考虑，为减小这种误差应尽量选择 γ 射线吸收系数较小的材料。

辐照实验表明，与其他材料相比，K 型镍铬 - 镍铝热电偶在中子照射环境中相对稳定，具有较好的抗辐照能力，铁 - 康铜热电偶次之。在典型的压水堆堆内环境中，镍铬 - 镍铝热电偶的分度曲线在短时期内没有明显漂移。K 型镍铬 - 镍铝热电偶其他各方面性能也表现良好，是目前压水堆核电厂堆芯冷却温度测量使用最为广泛的测温元件。

铠装热电偶用于冷却剂温度测量需要进行温度补偿。

在对冷却剂温度进行测量过程中，热电偶的冷端常常不能保持在 0℃ 恒定不变，它的温度会受到被测介质等周围环境条件的影响，不仅不能保持在 0℃，往往是波动的，这样无法保证输出电动势只与热端温度相关，但要想在热电偶测温时保证其参考端稳定在 0℃ 是比较困难的。因此要对冷端温度进行补偿，温度补偿的理论依据是热电偶的中间温度定律。常用的补偿方法有冰浴法、补偿电桥法、计算法和软件处理法等。

压水堆核电厂中热电偶冷端温度补偿的常用方法是软件处理法，其示意见图 4 - 6。测量堆芯冷却剂温度的热电偶在冷端补偿箱中汇集，由铂电阻温度计测得冷端补偿箱内的温度 T_{ref}，根据测得的热电势和补偿温度 T_{ref}，查找热电偶分度表可以求得冷端温度为 0℃ 时所对应于测量端的温度为 T 时的热电势，根据热电偶的中间温度定律式，可以求得热端的实际温度 T_{sense}。这一过程通过计算机软件处理实现。

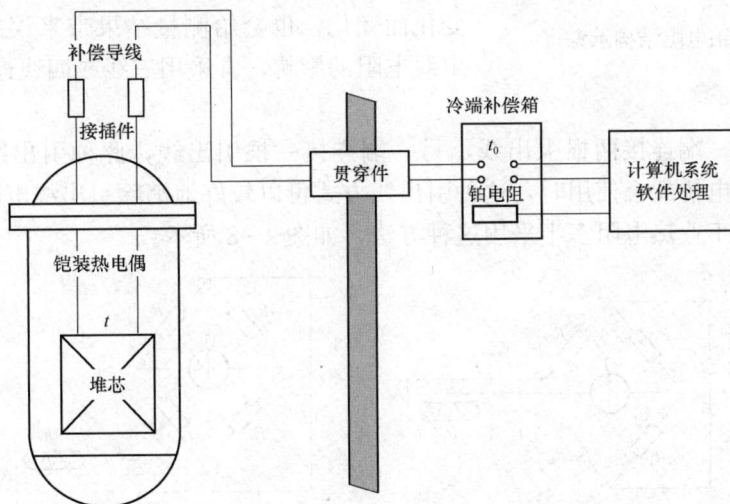

图 4 - 6　冷却剂温度测量冷端补偿软件处理法

4.2　热 电 阻 温 度 计

物质的电阻率随温度变化现象称为热电阻效应，根据热电阻效应制成的传感器称为热电阻温度计，根据感温材料不同可分为金属导体热电阻（又称热电阻）和半导体热电阻（又称热敏电阻）两大类。常用的金属热电阻包括铂热电阻和铜热电阻等。大多数金属的电阻值随温度的升高而增大，这主要是由于当温度升高时金属导体内的自由电子动能增大，在外电场作用下自由电子做定向运动遇到更大的阻力，从而导致电阻增加。电阻值是温度的函数 $R = f(t)$，函数 $f(t)$ 具有一定非线性。被选用作为热电阻的金属材料一般在一定温度范围内电阻值 R 随温度线性度较好。铂的物理、化学性能稳定，是目前温度测量复现性最好的温度计，通常用作标准温度计。对于铂电阻，有

$$R = R_0(1 + a\theta + b\theta^2) \quad 0 \leqslant \theta \leqslant 850℃$$
$$R = R_0[1 + a\theta + b\theta^2 + c\theta^3(\theta - 100)] \quad -200℃ \leqslant \theta \leqslant 0℃$$

$$(4-18)$$

式中：a、b、c 为常数，取值分别为 3.968×10^{-3}、-5.847×10^{-7}、$-4.22 \times 10^{-3}/℃$。

铂电阻的纯度用 $\dfrac{R_{100}}{R_0}$ 表示，为铂电阻在温度为 100℃ 和 0℃ 时电阻的比值。$\dfrac{R_{100}}{R_0}$ 等于 1.393 0 所对应的铂纯度为 99.999 5%。作为基准器的铂电阻 $\dfrac{R_{100}}{R_0}$ 不得小于 1.392 5；工业用铂电阻 $\dfrac{R_{100}}{R_0}$ 一般为 1.387~1.390。

铂电阻结构简单，一般由石英或云母等制成的骨架和缠绕在骨架上的铂丝构成，由于铂在还原性介质中易被侵蚀，铂电阻要加保护膜或保护套管，铂电阻结构示意如图 4-7 所示。

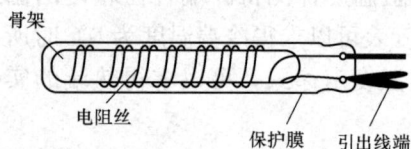

图 4-7　铂电阻结构示意

热电阻传感器的测量电路最常用的是电桥电路，若要求精度高，可采用自动电桥。由于工业用的热电阻安装在生产现场，离控制室较远，热电阻的引出线会对测量结果有较大影响，由于连接导线随环境温度变化而变化，也会给测量结果带来误差。为了减小引出线电阻的影响，常采用三线或四线连接方法。

1. 三线制

在电阻体的一端连接两根引出线，另一端连接一根引出线，此种引出线方式称为三线制。当热电阻和电桥配合使用时，这种引出线方式可以较好地消除引出线电阻的影响，提高测量精度。所以工业热电阻多半采用这种方法，如图 4-8 所示。

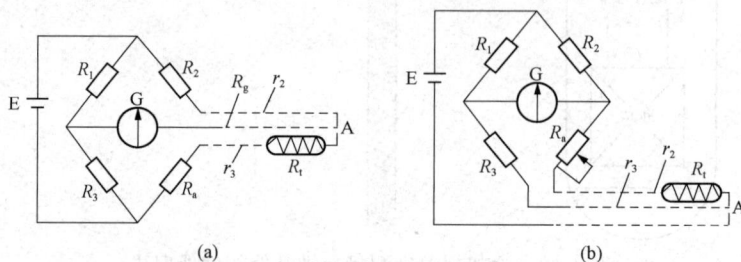

图 4-8　热电阻测量电桥的连接法

图 4-8 中，G 为检流计，R_g、R_2、R_3 为固定电阻，R_a 为零位调节电阻。热电阻 R_1 通过电阻为 r_1、r_2、r_3 的 3 根导线与电桥连接，r_2 和 r_3 分别接在相邻的两桥臂内，当温度变化时，只要它们的长度和电阻温度系数相等，它们的电阻变化就不会影响电桥的状态，即不会产生温度误差。电桥在零位调整时，使用 $R_3 = R_a + R_{t0}$。R_{t0} 为热电阻在参考温度（如 0℃）时的电阻值。三线接法中，可调电阻 R_a 的触点，接地电阻和电桥臂的电阻相连，可能导致电桥的零位不稳。

2. 四线制

在电阻体的两端各连接两根引出线称为四线制。这种引出线方式不仅可以消除连接线电阻的影响，而且可以消除测量电路中寄生电动势引起的误差，主要用于高精度的温度测量，如标准计量或实验室中。

与热电偶相比，热电阻温度计具有如下优势：

（1）输出电压更高，信噪比高；

（2）灵敏度更高；

（3）在正常运行冷却剂温度范围内，热电阻测温的准确度和稳定性有所提高；

（4）与其配套的信号输出、处理、记录和控制装置更简单，且不需要温度补偿装置；

（5）单位温度对应的输出电压大小可以通过调整激励电流或桥电路参数获得；对于某种固定的桥电路，输出电压 - 温度曲线形状可以进行调整。

压水堆的冷却剂平均温度 T_{ave} 是重要的被测和被控量，定义为

$$T_{ave} = \frac{T_h + T_c}{2}$$

式中：冷端温度 T_h 为反应堆压力容器出口至蒸汽发生器之间冷却剂主管道内测得的冷却剂温度；冷端温度 T_c 为压力容器入口至主泵出口主管道内的冷却剂温度。T_h 和 T_c 一般由铂电阻温度计进行测量。

与安装在压力容器内的测温元件相比，这种冷却剂平均温度测点的选区（见图 4-9）可以减小测温元件受到的辐照剂量，从而使提高测量的准确度和传感器使用寿命。为避免主冷却剂冲击力过大损坏测温装置，铂电阻温度计一般安装在主管道的支路上。由于测点距主管道有一定距离且支路管道内冷却剂流速往往较低，从而使温度测量有一定迟滞，需要在测量系统设计时予以考虑并进行校正。

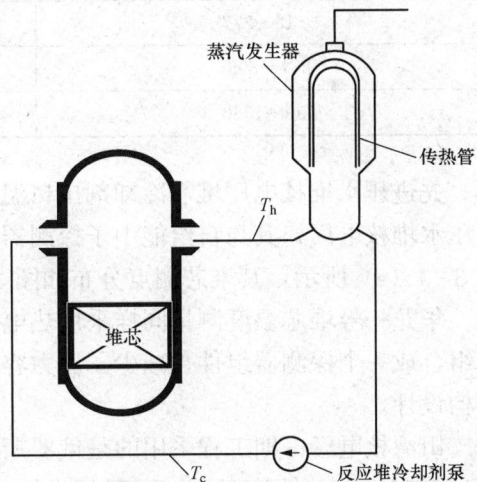

图 4-9 测点示意

4.3 堆芯温度检测系统

堆芯冷却剂出口温度的测量用来提供反应堆燃料组件冷却剂出口和压力容器容器内上封头内冷却剂的温度信息。其主要功能是：

（1）了解堆芯内发生局部容积沸腾的情况，以保证反应堆的安全运行。

（2）测量堆芯径向温度分布，求出堆芯温度下均匀系数，为校核堆芯的热管因子提供数据，给出堆芯温度分布图，并连续记录堆芯温度，显示最高堆芯温度及最小温度裕度。

（3）与堆芯中子注量率系统配合，及时了解堆芯的功率分布情况，为反应堆的合理控制、减小中子注量率不均匀性提供依据。

（4）比较布置在压力容器的冷却剂出口管嘴处和压力容器内吊兰出口高度处的温度，为监察冷却剂从压力容器入口管嘴直接漏到出口管嘴的流量，提供分析依据。

（5）在核电厂发生失水事故的情况下，利用堆芯温度测量来帮助运行人员判断堆芯是否被冷却剂淹没。

（6）判断是否有控制棒脱离所在的棒组。

二代/二代加压水堆核电厂堆芯冷却剂出口温度测量普遍采用 $\phi3.17$（热端外径 $\phi2.28$）的铠装热电偶，分度号为 K 型（镍铬 - 镍铝），包壳材料为 316L 不锈钢，长度 L 为 6.5～9.2m，用氧化铝作绝缘材料，冷端用高温环氧树脂封装密封，并配备核级热电偶接插件。一般以 10 支为 1 组，通过压力容器上方的贯穿件插入堆芯，沿导向套管插到指定的测量位置。

AP1000 堆芯出口热电偶为 K 型（铬/镍铝）接地的铠装热电偶，绝缘材料为 Al_2O_3，套管材料为 316L。

热电偶探头运行参数见表 4 - 2。

表 4 - 2　　　　　　　　　热电偶探头运行参数（温度运行范围 -18～1260℃）

运行温度（℃）	测量精确度
-18～277	±1.1℃范围内
277～899	±3%～±8%
899～1260	±1%～±2%

先进压水堆核电厂堆芯冷却剂出口温度测量用核级铠装热电偶的应用不同于二代/二代加压水堆核电厂，其与自给能中子探测器或水位传感器组合在一起，称为组合式探测器，如图 3 - 4（a）所示，其堆芯测点分布如图 3 - 5 所示。

华龙一号堆芯温度测量同样采用热电偶进行连续测量，堆芯中子注量率测点与热电偶测点组合成一个探测器组件，减少了压力容器顶部的顶贯穿件数量，优化堆顶仪表导向和支撑结构设计。

田湾核电厂一期工程采用的是俄罗斯 AES - 91 型核电机组，其核蒸汽供应系统为 WW-ER - 1000/428（简称 V - 428）型压水堆，汽轮机组为 K - 1000 - 60/3000 型全速汽轮机。V - 428 型反应堆是根据苏联设计制造的 WWER - 1000/320（简称 V - 320）系列核电机组的设计、建造和运行经验，吸取西方压水堆改进技术而完成的改良型设计。

田湾核电厂反应堆堆芯中子注量率、堆芯冷却剂出口温度和压力容器内水位测量装置全部是一体化组合式探测器，即堆芯中子注量率 - 堆芯冷却剂温度 - 压力容器内水位探测器，或堆芯中子注量率 - 堆芯冷却剂温度探测器，或堆芯冷却剂温度 - 压力容器内水位探测器。这些探测器都是通过压力容器顶部的贯穿件插入反应堆内。

表 4 - 3 给出了 VVER 反应堆堆芯仪表（ICI）组件和 SVRD 组件的功能和组成。

表 4 - 3 　　　　　　　　　　　　　　VVER 仪表组件的功能和组成

堆芯仪表组件	SPND数量	冷却剂温度监测点位置和数量			事故温度	冷却剂液位监测点位置和数量	冷却剂流量
		燃料组件出口	压力容器顶部	燃料组件入口			
KNI	7	否	否	否	否	否	否
KNIT	7	1	否	否	是	否	是
KNITT	7	1	1	否	是	否	是
KNIT2T	7	1	1	1	是	否	是
KNITU	7	1	1	否	是	3	是
KNIK	7	否	否	否	否	否	否

注 　1. 堆芯仪表组件内热电偶冷端温度由 RTD 测量。

　　　2. 对于 VVER 440 反应堆，KNI 已修改，SPND 无单独的本底线，而采用一个分开的本底 SPND。

田湾核电厂反应堆堆芯装有 163 组燃料组件，其中 54 组燃料组件中安装有中子 - 温度测量通道，中子 - 温度探测器型号为 KNIT2T 和 KNIT3T，其中 KNIT2T 占 46 个通道，KNIT3T 占 4 个通道，实现对反应堆堆芯的中子注量率、堆芯冷却剂出口温度的实时在线监测，并且能够通过计算得到燃料元件线功率密度（q_L）和偏离泡核沸腾比（DNBR）参数，并使用以上 2 个参数实现反应堆的停堆保护功能。堆芯中子 - 水位探测器的型号为 KNITU，水位测量采用加热式热电偶水位计原理，共有 3 个水位测点，在 54 组燃料组件中占 4 个通道。

KNIT2T 和 KNIT3T 由俄罗斯设计制造，依据俄罗斯核电厂安全保障总则中 ГОСТ、ПНАЭГ - 01 - 11 - 97 划分为核 2 级、抗震 I 级。其设计使用寿命为 4 年，每 4 次换料大修（换料周期为 12 个月）就需要进行整体更换工作。

中子 - 温度探测器 KNIT2T 和 KNIT3T 为组合式一体化结构，KNIT2T 中子 - 温度探测器有 7 个铑 SPND 和 3 个 K 型热电偶温度测点，KNIT3T 有 7 个铑 SPND 和 4 个 K 型热电偶温度测点，型号 KNITU 有 7 个铑 SPND、3 个水位测点和 1 个 K 型热电偶温度测点，详见表 4 - 4 和图 4 - 10，它们在堆芯内分布见图 4 - 11。

表 4 - 4 　　　　　　　　　　　中子注量率 - 温度测量通道的分类

类型	总数	自给能探测器	冷却剂温度测点			堆芯液位监测
			燃料组件出口	燃料组件入口	压力容器顶盖下部	
KNIT2T	46	7	2	1	—	—
KNIT3T	4	7	2	1	1	—
KNITU	4	7				3

SPND 经过中子辐照后产生电流信号，由于核反应产生的瞬时电流仅占 6％，94％的电流来自 ^{104}Rh 衰变，为了消除衰变电流的延迟效应，保证自给能中子探测器测量的准确性，采用 2 个滤波器组合消除延迟，消除延迟效应处理中考虑了自给能探测器电流的本底分量、活化分量及铑同位素衰变的分量等，经过滤波处理后延迟减小到 0.05～0.1s。

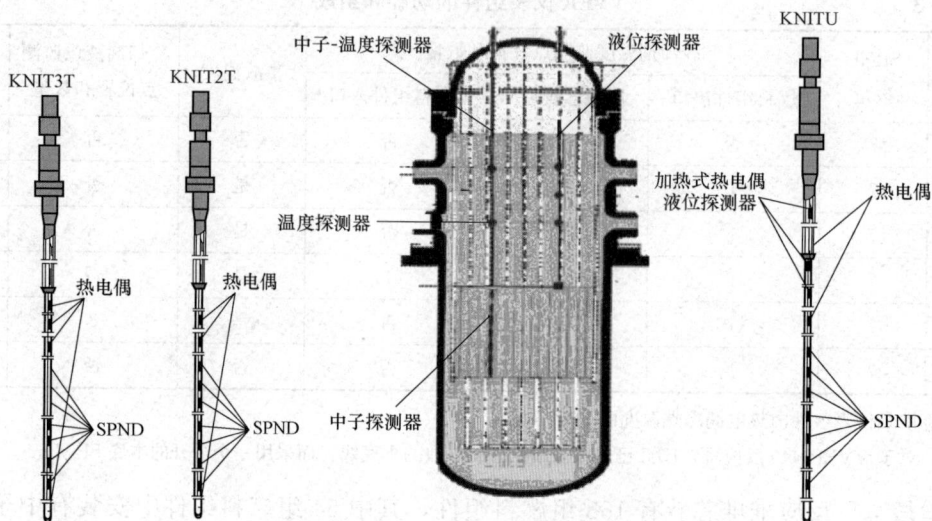

图 4-10 田湾核电厂反应堆堆芯测量装置简图

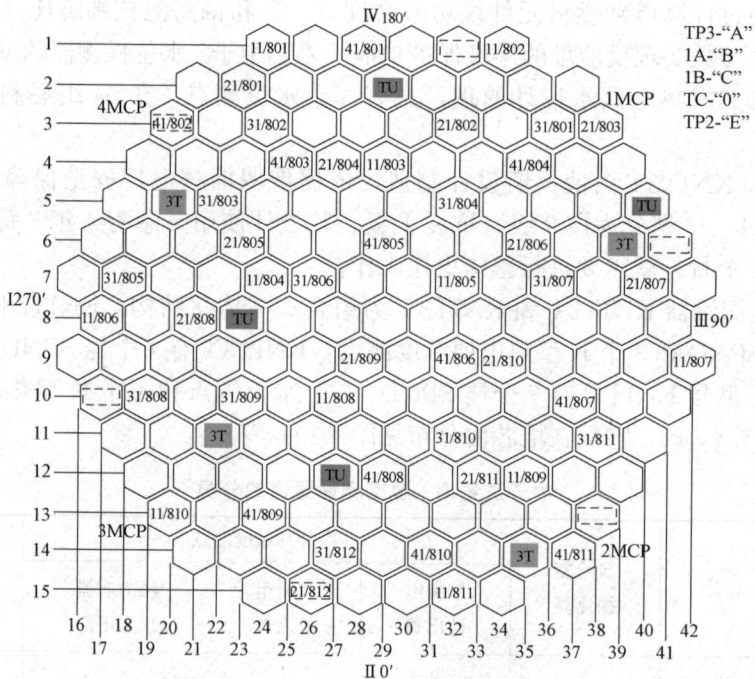

图 4-11 中子-温度-水位探测器在堆芯中分布

3T 为 KHNT3T 4 个温度测点；TU 为 KHNTU 3 个水位测点；其余为 KHNT2T 3 个温度测点

在考虑了自给能探测器延迟效应、控制棒影响等动态误差和静态误差后，堆内核测量系统计算的线功率密度最大误差为 5.7%，DNBR 最大误差为 16%，具体测量精确度与误差见表 4-5。

表 4 - 5	测 量 精 确 度 与 误 差	
参数名称	误差	迟滞
堆芯组件出口和入口冷却剂温度（℃）	1	—
反应堆热功率	2%	—
反应堆堆芯局部功率分布	5%	—
线功率密度保护信号的产生迟滞（s）	—	0.1
DNBR 保护信号的产生迟滞（s）	—	1

　　EPR 堆芯冷却剂出口温度的测量用热电偶安装在 SPND 探测器内，每一探测器内含有 2 支窄量程（0～400℃）测温热电偶和 1 支宽量程（0～1260℃）测温热电偶，共有 36 支热电偶分布在 12 个 SPND 探测器，见图 4 - 12。

　　EPR 堆芯冷却剂出口温度测量用热电偶为 K 型热电偶，Ⅰ级精确度，符合国际电工委员会（IEC）系列标准 IEC - 584 - 1 和 IEC - 584 - 2 的要求。

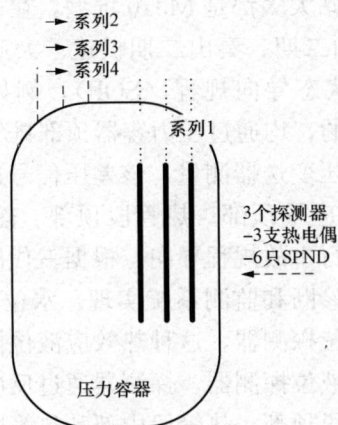

图 4 - 12　EPR SPND 和堆芯冷却剂出口温度测量装置示意

5　压力容器液位检测

压水堆核电站压力容器内水位监测仪表的主要功能是在发生堆芯失水事故时监测堆芯的淹没情况，由其测量的水位决定发生 LOCA 事故后事故规程的执行。

在美国三里岛核事故之前，压水堆核电站压力容器内水位是由稳压器的水位推算而来的，三里岛核事故后，美国核管理委员会（NRC）在 NUREG - 0660 文件活动计划中，对改进核电站安全提供了综合性指导准则。在这个计划中，NRC 要求原子能工业界研究、设计和安装能正确指示反应堆失水状态时的水位测量系统。GB/T 1362—1992《监督压水堆堆芯充分冷却的测量要求》中也规定："在饱和工况下，可以通过监测堆芯出口温度来确定堆芯冷却的充分程度，但不能提供堆芯冷却条件变化趋势的信息，必须利用压力容器液位监测来补充"。

目前，国内在役和在建核电站大多都是 M310 堆型，在事故处理规程上一部分采用的是事件导向规程（EOP），包括秦山二期、秦山二期扩建、大亚湾、岭澳一期、方家山和福清等项目，另外一部分采用的是状态导向规程（SOP），例如岭澳二期。不论是 EOP 还是SOP，在测量仪表方面都是相同的，均通过压力容器顶部排气管和下部堆芯中子注量率测量管线取压，通过带隔离膜片的差压变送器测量，该差压信号送到堆芯冷却监测机柜处理。如果是采用 SOP，则要求水位在反应堆顶部、热管段顶部、热管段底部、堆芯顶部和堆芯底部这些关键点处给出指示，以进行事故规程导向。根据三代压水堆核电站反应堆的特点，其压力容器内水位由反应堆控制、诊断和监测系统实现。水位测量大都采用的是基于水/汽介质传热性能明显差异的热效应液位探测器，这种热效应液位探测器中，主要有热端加热式热电偶液位探测器和加热式热电阻液位探测器，探测器通过反应堆顶盖的贯穿件插入压力容器内，监测冷却剂是否覆盖了热管段顶部、热管段中部和热管段底部等关键部位的水位。

当反应堆正常稳态运行时，堆芯淹没；当发生事故时，水位位于堆芯高度或低于堆芯底部，则表明燃料元件部分或全部裸露。目前，国内二代和二代＋压水堆核电站大都采用差压法测量压力容器内水位，三代压水堆核电站大都采用热效应液位探测器（即热端加热式热电偶水位计技术）测量压力容器内水位。

5.1　差压法测量液位原理

5.1.1　差压法测量液位的原理

对于反应堆压力容器这样的闭口容器，采用图 5-1 所示连接，可以采用差压计法测量容器内的液位高度。

设容器上部气空间的压力为 p、气体平均密度 $\bar{\rho}_\mathrm{v}$，液体平均密度 $\bar{\rho}_1$，和引压导管内充满平均密度为 $\bar{\rho}_{\mathrm{ref}}$ 的液体，则差压变送器 P1 和 P2 侧压力分别为

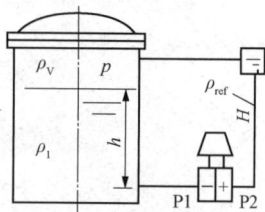

图 5-1　闭口容器的
差压计液位测量法

$$p_1 = p + h\bar{\rho}_1 g + (H-h)\bar{\rho}_\mathrm{v} g$$
$$p_2 = p + H\bar{\rho}_{\mathrm{ref}} g$$

则
$$\Delta p = p_2 - p_1 = -h\bar{\rho}_1 g - (H - h)\bar{\rho}_v g + H\bar{\rho}_{ref}g \tag{5-1}$$

所以液位 h 为
$$h = \frac{\bar{\rho}_{ref} - \bar{\rho}_v}{\bar{\rho}_1 - \bar{\rho}_v}H - \frac{\Delta p}{(\bar{\rho}_1 - \bar{\rho}_v)g} \tag{5-2}$$

上述差压法测量容器内的液位高度时，需知道参考引压管内液体的平均密度 $\bar{\rho}_{ref}$，参考引压管内上下段内液体的温度可能相差较大，需要通过测量引压管内不同高度段内液体的温度来求得液体的平均密度 $\bar{\rho}_{ref}$，该方法需要对温度进行多点测量。目前常用的是参考差压计法，该方法采用参考差压计测量参考引压管内液体的压力的方法，从而达到引压管内液体密度的温度修正的目的。

5.1.2 参考引压管内液体密度的温度补偿方法

1. 参考引压管内液体密度的温度补偿法

设有一压力容器内液位测量系统（见图 5-2），参考引压管内液柱设有三个温度测 T_1、T_2 和 T_3，以修正引压管内参考液体的密度，得到准确的压力容器内液位 h。

现利用三个温度测点，求得参考导管内液体的平均密度 $\bar{\rho}_{ref}$

$$\bar{\rho}_{ref} = \frac{1}{H}\sum_{i=1}^{3}\rho_i L_i \tag{5-3}$$

式中：L_i 为第 i 段液柱的高度，ρ_i 为 T_i 温度下的液体密度。

2. 参考差压计法

见图 5-3 所示，设：压力容器高度为 H，水位为 h，压力容器内蒸汽的重度为 γ_v，水的重度为 γ_L，则压力容器顶部与底部的压差 Δp 为

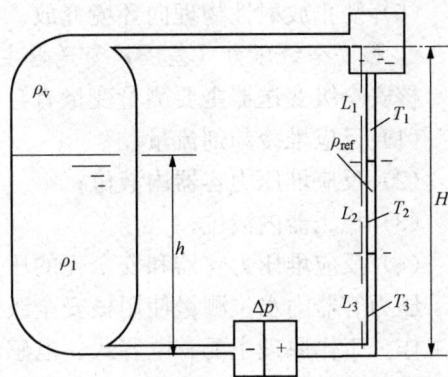

图 5-2　参考引压管内液体密度的
温度补偿原理图

$$\Delta p = (H - h)\gamma_v + h\gamma_L \tag{5-4}$$

压差 Δp 由差压计 Δp_1 测量。差压计通过参考液注与压力容器汽腔相连。所以作用在差压计 Δp_1 上的压差 Δp_1 为

$$\Delta p_1 = (H - h)\gamma_v + h\gamma_L - H\gamma'_L \tag{5-5}$$

与式（5-4）相比，式（5-5）中多了一项 $-H\gamma'_L$，即压力容器外参考液柱的压力。参考差压计 Δp_2 就是用来消除 $-H\gamma'_L$ 项的。参考差压计放在同一环境下，其压差 Δp_2 为

$$\Delta p_2 = 0 - H\gamma'_L \tag{5-6}$$

代入式（5-5）得

$$\Delta p_1 = (H - h)\gamma_v + h\gamma_L + \Delta p_2 \tag{5-7}$$

由此可推导出压力容器水位 h 的表达式

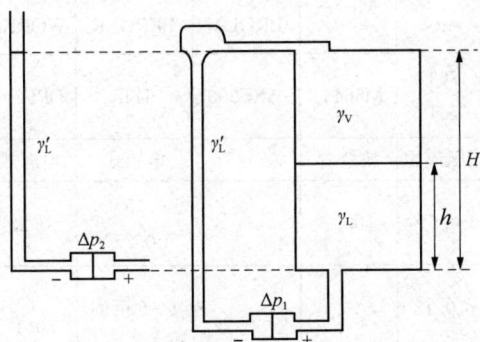

图 5-3　压力容器内水位测量的参考
差压计法原理图

$$h = \frac{\Delta p_1 - \Delta p_2 - H\gamma_v}{\gamma_L - \gamma_v} = \frac{\Delta p_1 - \Delta p_2 - H\rho_v g}{(\rho_L - \rho_v)g} \tag{5-8}$$

式中：ρ_L、ρ_v 分别为压力容器内水的密度和蒸汽的平均密度；g 为重力加速度。

广东省大亚湾核电站采用的就是这种参考差压计的补偿方法。

5.1.3　核安全级压力（差压）变送器

1. 核安全级压力（差压）变送器在核电站中的功能简述

核电站中大量的压力、差压、流量和液位等热工参数的测量都要用到压力或差压变送器，据不完全统计，一座300MW压力堆核电站约需600多台压力变送器，其中安全级的约占10%。核安全级压力变送器主要用于反应堆保护系统和事故后监测系统，直接执行或参与执行下列功能：

（1）反应堆紧急停堆；

（2）堆芯危急冷却；

（3）余热导出；

（4）从安全壳厂房导出热量；

（5）防止放射性物理向环境释放。

2. 核安全级压力（差压）变送器主要测量变量

核安全级变送器主要测量变量有：

（1）反应堆冷却剂流量；

（2）反应堆压力容器内液位；

（3）稳压器内液位；

（4）反应堆压力容器和安全壳的压力。

压力容器内水位测量使用核安全级差压变送器，以适应在设计基准事故和严重事故工况下工作。工作原理主要有电容式、电感式、振弦式、力平衡式、压阻式和波登管等，主要生产厂家在美国、法国、德国，日本和中国，著名厂家有罗斯蒙特、西门子等公司。国外核安全级压力变送器主要性能指标见表 5-1。

表 5-1　　　　　　　国外核安全级压力变送器主要性能指标

项目	国别及其所属公司									
	美国						德国		法国	日本
	ROSEM-OUNT	ROSEM-OUNT	ROSEM-OUNT	FOXBO-RO	FOXBO-RO	Baton Instruments	SIE-MENS	HART-MONN&BROUN	SEREG SCHLUM-BERGER	HOKU SHIN WORKS
变送器型号	1152	1153	1154	N-820	N-E11 N-E13	763 764	M56441	AXC200	6445	DPF100
工作原理	电容式	电容式	电容式	振弦式	力平衡式	压阻应力	波登管	波登管	电感式	电容式
精度（刻度范围）	±0.25%	±0.25%	±0.25%	±0.2%	±0.5%～±1%	±0.5%	<0.3%		±0.15%～±0.25%	±0.25%
反应时间（s）	0.2～1.67 可调	0.2～12 固定	0.2～0.5 固定	0.5～5		<0.18			1～5 可调	0.01～0.1
最大耐辐射吸收剂量	5×10^4	2.2×10^5	1.1×10^6		2×10^6	2×10^6				

续表

项目	国别及其所属公司									
	美国						德国		法国	日本
	ROSEM-OUNT	ROSEM-OUNT	ROSEM-OUNT	FOXBO-RO	FOXBO-RO	Baton Instrum-ents	SIE-MENS	HART-MONN&-BROUN	SEREG SCHLUM-BERGER	HOKU SHIN WORKS
抗地震 ZPA 最大加速度（g）	3	4	7	3.5	3.8	12.5				
耐高温环境温度峰值（℃）	157.8 (1h)	158.9 (8h)	215.6 (3min)		216 (3min)	221 (30min)	160 (短时)			
备注				仅符合 1EEE 344‐1975						

3. 压力（差压）变送器的主要类型

（1）电容式压力（差压）变送器。电容式压力（差压）变送器由于完全没有传动机构，因而尺寸紧凑，抗振动性能好。又由于精确度高，调整零点和量程时互不干扰，所以近来获得广泛应用。

电容式差压传感器的核心部分如图 5‐4 所示。将左右对称的不锈钢基座 2、3 的外侧加工成环状波纹沟槽，并焊上波纹隔离膜片 1、4。基座内侧有玻璃层 5，基座和玻璃层中央都有孔。玻璃层内表面磨成凹球面，球面除边缘部分外镀以金属膜 6，此金属膜层有导线通往外部，为电容的左右定极板。左右对称的上述结构中央夹入并焊接弹性平膜片，即测量膜片 7 为电容的中央动极板。测量膜片左右空间被分隔成两个室，故有两室结构之称，国外也有一室结构的传感器，其左右两室有管路相通。

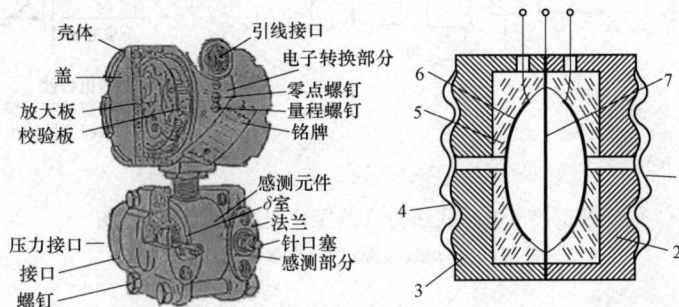

图 5‐4　电容式压力（差压）变感器

在测量膜片左右两室中充满硅油，当左右隔离膜片分别承受高压 p_H 和低压 p_L 时，硅油的不可压缩性和流动性便能将差压 $\Delta p = p_H - p_L$ 传递到测量膜片的左右面上。因为测量膜片在焊接前使 $C_H = C_L$，电容量的差值为零。在有差压作用时，测量膜片发生变形，也就是动极板向低压侧定极板靠近，同时远离高压侧定极板，使得电容 $C_L > C_H$。可见，这就是差动电容形式的压力或差压变感器。

采用差动电容法的好处是，灵敏度高，可改善线性，并可减少由于介电常数 ε 受温度影响引起的不稳定性。

（2）电感式压力（差压）变送器。电感式压力（差压）变送器以电磁感应原理为基础，利用磁性材料和空气的导磁率不同，把弹性元件的位移量转换为电路中电感量的变化或互感量的变化，再通过测量线路转变为相应的电流或电压信号。

这种变送器是利用弹性元件受压力作用后所产生的位移来改变磁路中空气隙大小，或改变铁芯与线圈之间的相对位置，使线圈的电感量发生改变，从而使压力变化的信号转换成线圈电感量变化的信号。根据这种原理构成的压力（压差）变送器形式很多，其中以差动变压器式应用最为广泛，其结构如图 5-5 所示。线圈的骨架分成长度相等的两段，先把初级线圈均匀密绕在两段骨架上，并将两段线圈头尾串联相接。然后在两段初级线圈外面绕次级线圈，并将两段次级线圈头尾对接。导磁材料制成的铁芯由弹性元件带动在线圈中移动，可改变初级线圈与上、下两段次级线圈的耦合情况。当铁芯处于线圈中间位置时，由于初级线圈与上、下两段次级线圈的耦合情况相同，两段次级线团中的感应电势 e_1 和 e_2 大小相等。又由于次级线圈是反相串联，故 e_1 与 e_2 相位相反，因此，这时总的输出电势为零。当铁芯偏离中间位置时，输出一交流电势 e，其大小取决于铁芯位置偏离中间位置的距离大小，而其相位取决于铁芯处于中间位置以上还是以下，因此也决定了与初级线圈输入电势是同相还是反相。实验证明铁芯在一定距离内的内移与输出电势大小的关系基本上是线性的。此外，输出电势的大小还与差动线圈的匝数等结构参数有关，并随着通过初级线圈的电流和供电频率的增加而增加。但是，供电电流将受线圈发热所限制。特别是在低频恒压供电情况下，初级线圈发热所引起的电阻值变化会造成流过初级线圈的电流变化，使输出漂移。所以，初级线圈以采用恒流供电较为有利。

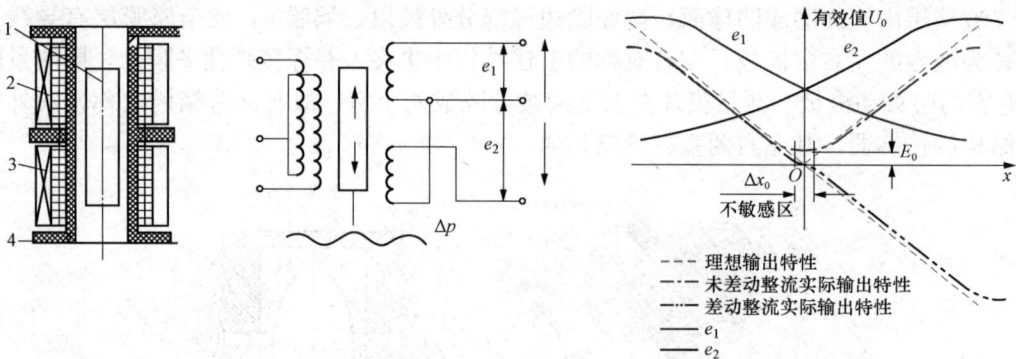

图 5-5 电感式压力（差压）变送器原理示意图

1—铁芯；2—初级线圈；3—次级线圈；4—骨架

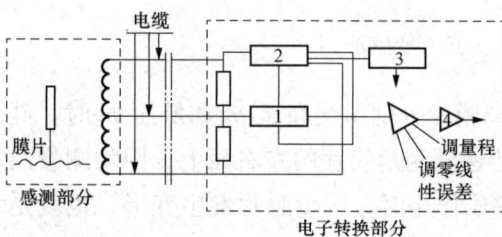

图 5-6 分离式电感式压力（压差）变送器

供电频率 $200\sim8000\mathrm{Hz}$ 时，由于铁芯等处有涡流损失，过高的频率反而会使变送器灵敏度下降。在测量波动压力时，所选频率至少要比压力波动的最高频率高 10 倍。

（3）分离式电感式压力（压差）变送器。为了减少电子部件的辐照剂量，发展了分离式电感式压力（压差）变送器。图 5-6 所示为法国 Sereg 公司的 6000N 型电感式压力变送器，为核安全级变送器，特点是用长电缆将信号引到安全壳外来处理。

5.2 热效应式液位测量原理

5.2.1 加热式热电偶液位传感器

热端加热式热电偶传感器是基于发热体在气/汽体和液体中换热系数的显著差异，研制出的一种加热端加热式铠装热电偶液位传感器。试验表明，液位测量传感器原理正确，结构可行，性能可靠，能够准确地判断出液气/汽界面的位置。

热端加热式热电偶液位传感器的基本结构可以分为铠装型、导热块型和填料型3种基本结构，MgO绝缘，如图5-7所示。铠装型主要是指热端加热式铠装热电偶水位传感器，一般情况下在同一铠装套管内，其中一支热电偶的结点采用电加热丝加热，称为加热端，另一支热电偶的结点不加热，称为不加热端或参考端，这两支热电偶差分连接，既可以测量温差，又可以测量环境温度。参考温度点可以布置在热端加热热电偶的上方，也可以布置在下方。

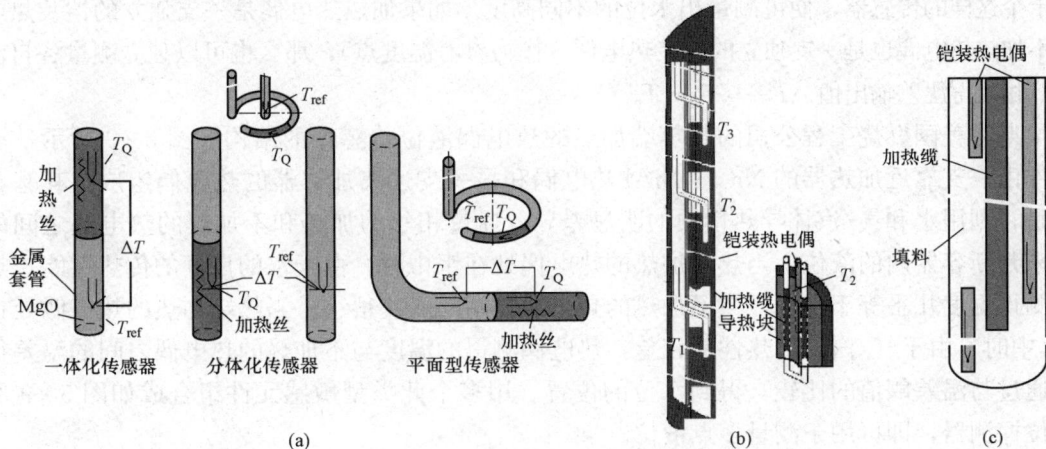

图5-7 加热式热电偶液位传感器的基本结构示意
(a) 铠装型；(b) 导热块型；(c) 填料型

导热块型的结构特征是在一承压套管内，沿轴向布置若干个紧贴套管内壁的导热块，导热块中有加热的和不加热的，加热的导热块采用铠装加热缆加热，每块导热块的中心布有一支铠装热电偶。加热的导热块是液位的敏感区域，不加热的是温度参考端。

填料型的结构特征是在一承压套管内的中心处有一根铠装加热缆，可以是分段加热的，也可以是整体加热的，围绕铠装加热缆的若干分段加热的中心位置，布置若干支铠装热电偶，这些铠装热电偶是液位的敏感元件。在非加热处布置的铠装热电偶为温度参考点，填料为轻质导热石墨材料。

1. 热端加热式铠装热电偶液位传感器的基本结构与特性

（1）传感器的基本结构。一体化结构的热端加热式铠装热电偶水位传感器将热电偶封装在同一铠装套管内，用MgO作绝缘材料，将两支热电偶沿轴向相隔一定距离布置，其中一支热电偶的结点采用一段电加热丝加热，称作加热端，另一支热电偶不加热，作为参考温度点。热端加热式铠装热电偶水位传感器基本结构如图5-8所示。

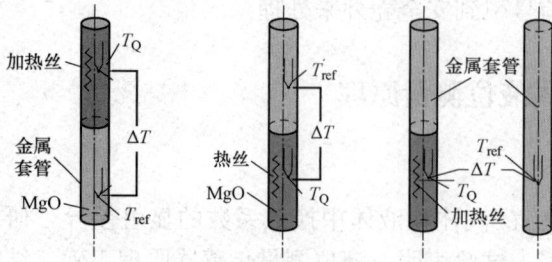

图 5-8　热端加热式铠装热电偶水位传感器基本结构

除一体化结构外，用作参考温度点的热电偶是一支独立的铠装热电偶，单独布置，可称作分体式结构。第三种结构称作平面型结构，将热端加热和不加热的热电偶放在同一平面内。这三种结构中，平面型结构的点测量精度最高，分体式结构的其次。

由水和水蒸气或空气的物性参数可知，水的换热系数同空气或水蒸气的换热系数 α 存在着明显的差别，当传感器的敏感部位达到热平衡时，传感器的敏感部位（即加热热电偶结点）处在水中，热端加热的热电偶测得的温度低；处在气体或水蒸气中，热电偶测得的温度高。一般情况下，将热端加热热电偶和不加热热电偶（参考温度点）连接成差分热电偶，采用温差输出值 $\Delta T = (T_Q - T_{ref})$ 判定水位，即差分热电偶的输出 ΔT 高于某一阈值时，表明加热热电偶触点处于空气或水蒸气中；如果低于某一阈值时，则加热热电偶触点处于水中。如果沿水位高度布置若干个这样的传感器，便可测量出水位的不同高度。如果加热热电偶是一支独立的铠装热电偶，不加热热电偶也是一支独立的铠装热电偶（作为参考温度点），那么也可以独立测量各自温度值，相减得温差输出值 $\Delta T = (T_Q - T_{ref})$。

早期的美国燃烧工程公司的某热端加热的热电偶液位传感器的结构如图 5-9 所示，敏感元件由一支靠近加热器的 NiCr - NiAl 热电偶和另一支远离加热器的热电偶组成。其基本原理是，利用水和气/汽体导热性质的明显差异，通过相邻的加热和不加热的热电偶之间的温差来判断容器内的液位。当热端加热的热电偶处在水中时，由于水的良好的传热性能，热电偶测得温度几乎等于水温，与不加热的热电偶之间的温差很小，当热端加热的热电偶处在气/汽中时，由于气/汽的传热性能较差，热电偶测得的温度与不加热的热电偶之间的温差很大，通过与温差阈值的比较，得到水位的位置。用多个此类型敏感元件组合成如图 5-9 所示液位探测器，即可用于测量多点液位。

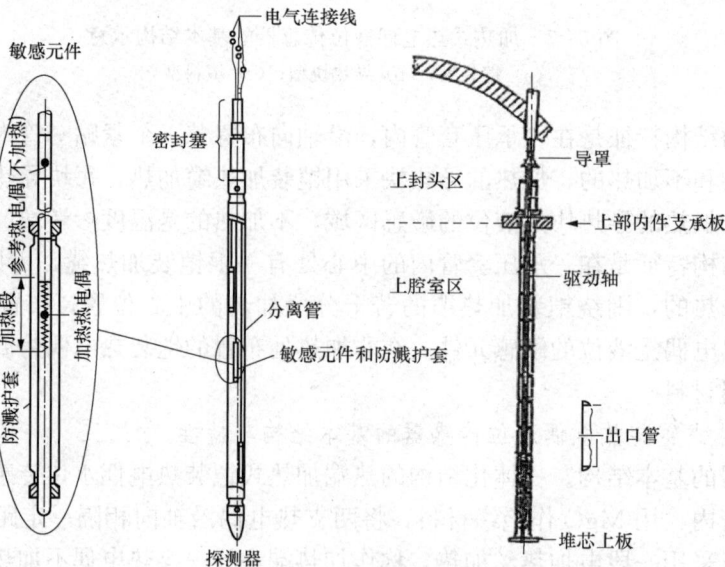

图 5-9　某一型号热端加热式热电偶液位探测器简示

（2）传感器的静态特性。为简化问题，如图 5-10 所示的传感器结构，假设传感器的敏感部位为一小段圆柱体，内有均匀体热源 Q，忽略其轴向导热和辐射，由于 MgO 导热性能良好，可认为传感器内部温度均匀，用 T 表示。由于不锈钢管很薄，也可以进一步简化，可认为不锈钢壁面温度 T_w 和传感器内部温度 T 相等。

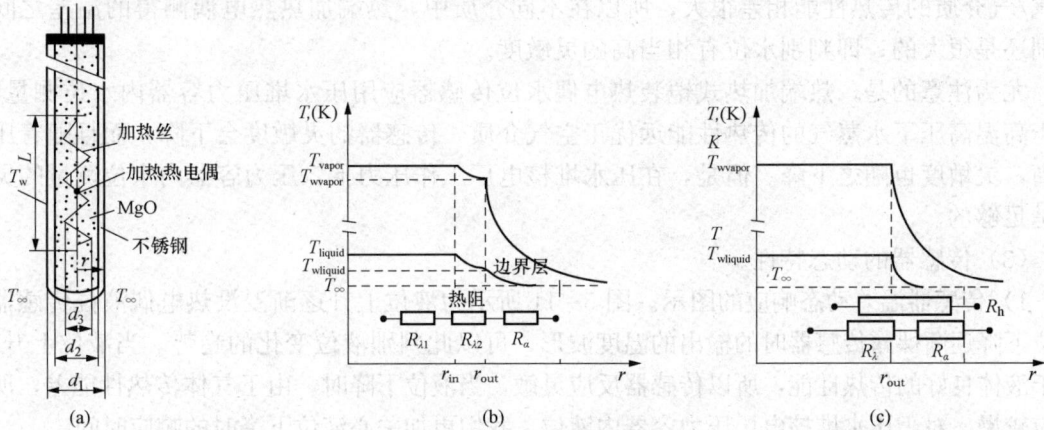

图 5-10　热电偶液位传感器及在环境介质中的温度分布示意图
（a）结构示意图；（b）实际径向温度分布；（c）忽略传感器内部温度差情况下径向温度分布

设传感器在热平衡时不锈钢壁面温度 T_w 和传感器内部温度 T 相等，传感器的传热系数为 h，表面放热系数为 α，表面积为 F，由传热学原理可得到传感器内部温度 T 和环境介质温度 T_∞ 之间的温差（$T-T_\infty$）。当传感器的敏感部位在水蒸气或空气中，温差 $T-T_\infty$ 为

$$T - T_\infty = \frac{Q}{\pi d_1 L h_{vapor}} \tag{5-9}$$

$$\alpha_{vapor} = \frac{Nu_{vapor} \lambda_{vapor}}{d_1} \tag{5-10}$$

$$Nu_{vapor} = m(GrPr)^n_{vapor} \tag{5-11}$$

$$1/(h_{vapor}F) = R_{s\lambda} + 1/(\alpha_{vapor}F) \tag{5-12}$$

当传感器的敏感部位浸没在液态水中，温差 $T-T_\infty$ 为

$$T - T_\infty = \frac{Q}{\pi d_1 L h_{liquid}} \tag{5-13}$$

$$\alpha_{liquid} = \frac{Nu_{liquid} \lambda_{liquid}}{d_1} \tag{5-14}$$

$$Nu_{liquid} = m(GrPr)^n_{liquid} \tag{5-15}$$

$$1/(h_{liquid}F) = R_{s\lambda} + 1/(\alpha_{liquid}F) \tag{5-16}$$

式中：λ 为敏感部位的导热系数，h 为传感器的传热系数，其由传感器内部热阻 $R_{s\lambda}$ 和传感器的表面放热热阻 $1/(\alpha F)$ 决定，α 为传感器的表面放热系数，Q 为加热丝加热功率，Nu 为努谢尔特数，Gr 为葛拉晓夫数，Pr 为普朗特数。然而，实际的传感器并非无限长细杆，其轴向导热是不能忽略的，另外，适用的放热经验关系式也难以找到，所以，上述理论计算只能作为设计的参考，一般都用实验标定。

当传感器在液体和汽体中达到热平衡时，温差（$T_{vapor,balance} - T_\infty$）与（$T_{liquid,balance} - T_\infty$）的比值愈大，表明传感器的测量灵敏度愈高。这里用相同加热功率 Q 下的温差（$T_{vapor,balance} -$

T_∞）与（$T_{\text{liquid,balance}} - T_\infty$）之比来表示热效应水位传感器的测量灵敏度系数 K

$$K = \frac{(T_{\text{vapor,balance}} - T_\infty)}{(T_{\text{liquid,balance}} - T_\infty)} = \frac{h_{\text{liquid}}}{h_{\text{vapor}}} \qquad (5-17)$$

从式（5-17）可以看出，在不同环境下使用，传感器的测量灵敏度相差是很大的。由于水与汽/气介质的传热性能相差很大，所以在不同介质中，热端加热热电偶测得的温差之间的差别还是很大的，即判别水位有相当高的灵敏度。

尤为注意的是，热端加热式铠装热电偶水位传感器应用压水堆压力容器内水位测量时，由于高温高压下水蒸气的传热性能远优于空气介质，传感器的灵敏度会下降，而且随着压力升高，灵敏度也随之下降。但是，在压水堆核电厂工作压力下，压力容器内水位测量的灵敏度是足够的。

（3）传感器的动态特性。

1）传感器温差动态响应的图示。图5-11所示为液位上升逐渐浸没热电偶液位传感器与液位下降逐渐裸露传感器时的输出的温度波形，可以此判别液位变化的趋势。当液位上升时，由于液体良好的传热性能，所以传感器反应灵敏，当液位下降时，由于气体传热性能差，所以反应较慢。对于压水堆核电厂压力容器内液位，我们更加关心液位下降时的响应时间。

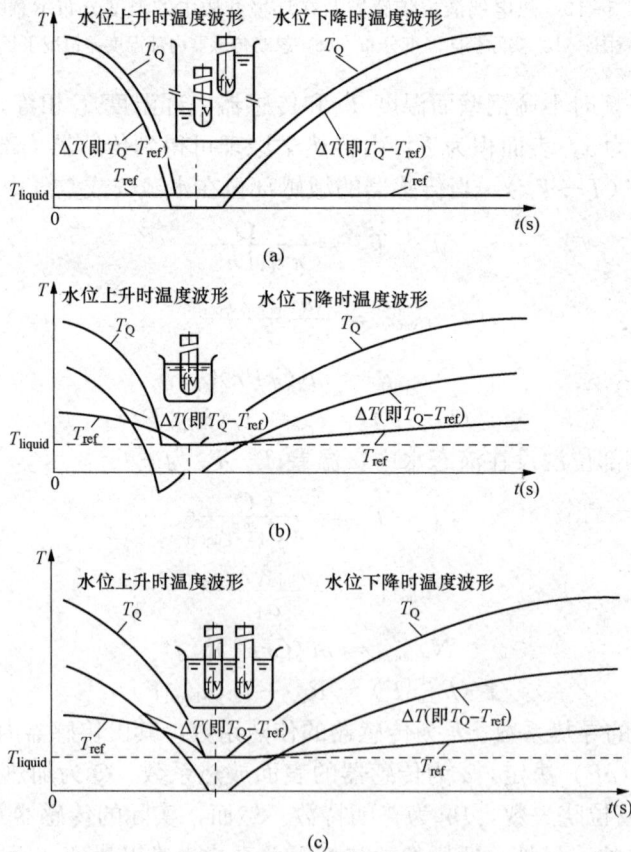

图 5-11 热电偶液位传感器动态响应（一）

（a）液位上升/下降时，T_{ref} 等于水温；（b）液位上升时，T_Q 领先 T_{ref} 冷却至水温；

（c）液位上升时，T_Q 与 T_{ref} 同时冷却至水温

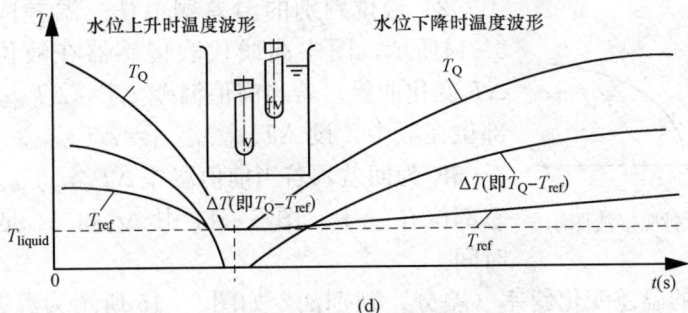

图 5-11 热电偶液位传感器动态响应（二）

(d) 液位上升时，T_Q 后于 T_{ref} 冷却至水温

2）传感器的时间常数、热响应时间和响应时间。传感器的动态特性通常用传感器的时间常数 $\tau_{0.632}$、热响应时间 $\tau_{0.5}$ 和温差达到 $\Delta T_{threshold}$ 下的响应时间 Δt（s）来描述。

当水（液）位阶跃上升淹没传感器的敏感区时，取阶跃高度 A 的 0.368 倍时所对应的时间 t，或阶跃下降脱离敏感区时，取阶跃高度 A 的 0.632 倍时所对应的时间 t，称其为时间常数，记作 $\tau_{0.632}$；或取阶跃高度的 0.50 倍时所对应的时间称其为热响应时间 t，记作 $\tau_{0.50}$，见图 5-12（a）所示。

传感器的响应时间定义为当水（液）位阶跃变化时，传感器的温差 ΔT 上升或下降到某一给定阈值 $\Delta T_{threshold}$（K 型热电偶，通常取 7.5～10K）时所需的延时时间 Δt（s）为响应时间，如图 5-12（b）所示。

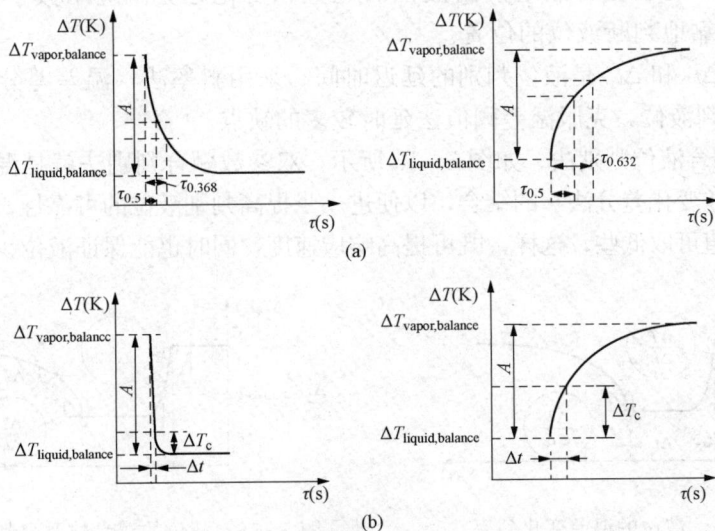

图 5-12 传感器的时间常数和响应时间图示

(a) 传感器的时间常数；(b) 传感器的响应时间

（4）液位判别的方法。可以采用以下几种方法对水位进行判别，其中以阈值法最为常用。

1）液位判别的观察法。液位判别观察法就是用肉眼观察 ΔT-t 变化曲线，从曲线的变化来判别液位；原理如图 5-13 所示。

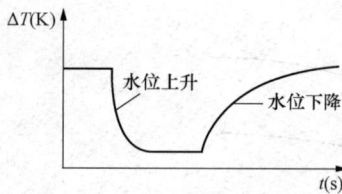

图 5 - 13   液位判别观察法图示

2）液位判别的温差阈值法。温差阈值法的原理如图 5 - 14 所示，图中曲线代表传感器在液位上升和下降时的 ΔT 变化曲线。若当前值温差 $\Delta T \leqslant \Delta T_{liquid,threshold}$，表明敏感部位在液中，设 $\Delta T_{vapor,threshold} = \Delta T_{liquid,threshold} + （3 \sim 5）$ K，$3 \sim 5$ K 为回差，若当前值温差 $\Delta T > \Delta T_{vapor,threshold}$，即表明敏感部位在气中。图 5 - 14 中 Δt_l 和 Δt_v 是液位判别的延迟时间。

3）液位判别的温差变化斜率（差分）判别法。如图 5 - 15 所示为温差变化曲线斜率判别法，又可称作温差差分（$\Delta T/\Delta t$）判别法，其实质就是用温差变化速度来判别液位。

当液位在上升/下降发生转化时，温差响应曲线的斜率发生变化。从理论上讲，温差变化曲线的斜率为零时，表明液位已淹没或已脱离传感器的敏感部位。当温差曲线的斜率由零→负最大值→零时，表明液位开始浸没传感器的敏感部位→淹没传感器的敏感部位，当温差曲线的斜率由零→正最大值→

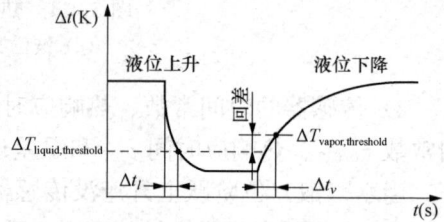

图 5 - 14   液位的温差阈值判别法图示

零时，表明液位开始离开传感器的敏感部位→脱离传感器的敏感部位。当传感器在液位上升时，温差变化曲线的斜率比较陡，温差变化速度快；当传感器在液位下降时，温差变化曲线的斜率陡度比较小，温差变化速度慢。这种趋势性判断有助于在复杂的环境中，结合温差阈值法，可以更可靠地判断液位的位置和变化趋势。应用数字计算机技术，便能非常方便、可靠地判断液位的位置。

图 5 - 15 中 Δt_l 和 Δt_v 是液位判别的延迟时间。采用斜率法（温差差分法）的最大优点是能实现准实时判液位，克服温差阈值法延时较多的缺点。

4）双参数融合液位判别法。如图 5 - 16 所示，双参数融合判别法就是温差阈值法与温差变化斜率法（温差变化差分法）的结合，以便进一步提高判别液位的可靠性。采用双参数融合算法时，温差阈值可取低些，这样，既可提高响应速度，同时也能保证液位识别的可靠性。

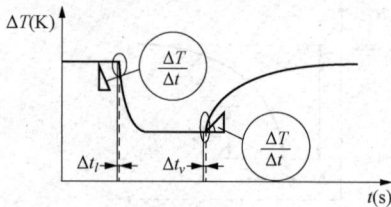

图 5 - 15   液位的温差变化斜率
（差分）判别法图示

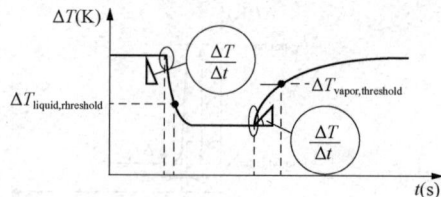

图 5 - 16   液位的双参数融合判别法图示

（5）水位阶跃下降时传感器的响应时间和温差响应特性分析。由于 MgO 导热性能较好，不锈钢管很薄，温度下降不大，为简化问题，设加热热电偶测得的温度就是传感器敏感区的温度 T，等于传感器的壁面温度 T_w，不加热热电偶测得的温度就是环境介质温度 T_∞。

设传感器的平均质量和比热容分别为 m 和 c_p，传感器的体积为 V，平均密度为 ρ，换热面积为 F，加热功率为 Q，环境介质温度为 T_∞。传感器的壁面温度为 T_w，传感器的表面

传热系数为 h_{vapor}。设液位阶跃下降时，传感器的壁面温度由液位突然下降开始时的壁面温度 $T_{\text{w,liquid}}$ 上升到在汽/气中的（$T_{\text{w,liquid}}+\Delta T$），令时间 t 由 0 开始，增加到 $\text{d}\tau$ 的时间内，传感器的温度上升了 $\text{d}T$，根据能量平衡原理，忽略轴向导热和热辐射，传感器吸收的热量等于加热丝发出的热量减去向环境汽/气介质的散热，则有

$$c_p m \, \text{d}T = Q\text{d}\tau - h_{\text{vapor}}F(T-T_\infty)\text{d}\tau \qquad (5-18)$$

$$\text{d}\tau = \frac{c_p m}{Q - h_{\text{vapor}}F(T-T_\infty)}\text{d}T \qquad (5-19)$$

将式（5-19）两边积分得

$$\int_0^t \text{d}\tau = \int_{T_{\text{w,liquid}}}^{T_{\text{w,liquid}}+\Delta T} \frac{c_p m}{Q - h_{\text{vapor}}F(T-T_\infty)}\text{d}T$$

$$t = \frac{-c_p m}{h_{\text{vapor}}F}\ln[Q - h_{\text{vapor}}F(T-T_\infty)] \Big|_{T_{\text{w,liquid}}}^{T_{\text{w,liquid}}+\Delta T}$$

$$= -\frac{c_p m}{h_{\text{vapor}}F}\ln\frac{Q - h_{\text{vapor}}F(T_{\text{w,liquid}}+\Delta T - T_\infty)}{Q - h_{\text{vapor}}F(T_{\text{w,liquid}}-T_\infty)} \qquad (5-20)$$

$$= \frac{-c_p m}{h_{\text{vapor}}F}\ln\frac{Q - h_{\text{vapor}}F(T_{\text{w,liquid}}-T_\infty) - h_{\text{vapor}}F\Delta T}{Q - h_{\text{vapor}}F(T_{\text{w,liquid}}-T_\infty)}$$

$$= \frac{-c_p m}{h_{\text{vapor}}F}\ln\left[1 - \frac{h_{\text{vapor}}F\Delta T}{Q - h_{\text{vapor}}F(T_{\text{w,liquid}}-T_\infty)}\right]$$

令 $Q_1 = Q - h_{\text{vapor}}F(T_{\text{w,liquid}}-T_\infty)$，式（5-20）改写成

$$t = \frac{-c_p m}{h_{\text{vapor}}F}\ln\left(1 - \frac{h_{\text{vapor}}F\Delta T}{Q_1}\right) \qquad (5-21)$$

令：$\tau_c = \frac{c_p m}{h_{\text{vapor}}F}$，即为传感器的时间常数 $\tau_{0.632}$，式（5-21）写成

$$t = -\tau_c \ln\left(1 - \frac{h_{\text{vapor}}F\Delta T}{Q_1}\right) \qquad (5-22)$$

式（5-22）即为水位阶跃下降时，传感器的温差为 ΔT 时的响应时间 t，该响应时间 t 应看作传感器的温差变化为 ΔT 时的延迟时间 Δt，ΔT 可称作温差阈值。要清楚此时的 t 的起始点即是水位阶跃的起始点，即起始点为 0。

加热功率 Q 一定时，ΔT 取小值，则延迟时间 Δt 变小，显然，可以通过改变传感器的温升 ΔT 值来改变延迟时间 Δt，该 ΔT 可称作温差阈值。

式（5-22）表明，对于一定的传感器和环境介质状态，当传感器的温升 ΔT 取定时，加热功率 Q 增加，则响应时间 t 变小，另外，功率 Q 增加，有利于传感器表面水膜蒸发，并加快响应速度。

令 $K_1 = \frac{1}{h_{\text{vapor}}}\ln(1 - \frac{h_{\text{vapor}}F\Delta T}{Q_1})$，称为传感器的热源和介质传热影响系数；$K_2 = c_p \rho$，称为传感器的材料影响系数；$K_3 = \frac{V}{F}$，称为传感器几何形状影响系数。

则式（5-22）写成

$$t = K_1 K_2 K_3 \qquad (5-23)$$

式中的系数 K_1、K_2 和 K_3 表达了由加热功率 Q、温差 ΔT、传热系数 h、传感器材料和形状的影响因子。

式（5-22）又可改写成

$$\Delta T = T - T_{\mathrm{w,liquid}} = \frac{Q_1}{h_{\mathrm{vapor}}F}(1 - e^{-t/\tau_c}) \qquad (5-24)$$

设 $T_{\mathrm{w,liquid}} = T_\infty$ 得

$$\Delta T = T - T_\infty = \frac{Q}{h_{\mathrm{vapor}}F}(1 - e^{-t/\tau_c}) \qquad (5-25)$$

式中：$Q_1/(h_{\mathrm{vapor}}F)$ 或 $Q/(h_{\mathrm{vapor}}F)$ 为阶跃高度。

式（5-24）和式（5-25）表明，当 $t=0$ 时，传感器的温差 $\Delta T=0$，当 t 趋于 ∞ 时，传感器的温差 ΔT 等于 $Q_1/(h_{\mathrm{vapor}}F)$ 或 $Q/(h_{\mathrm{vapor}}F)$，这是典型的一阶测量系统对阶跃输入的响应曲线表达式。

当 $t=\tau_c$ 时

$$\Delta T = \frac{Q_1}{h_{\mathrm{vapor}}F}(1 - 0.368)$$
$$= 0.632\frac{Q_1}{h_{\mathrm{vapor}}F} \qquad (5-26)$$

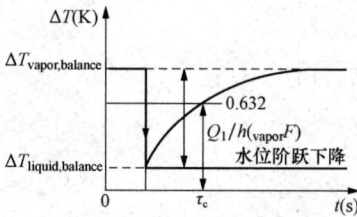

图 5-17 热端加热式铠装热电偶水位传感器的温差曲线

式（5-26）表明，当 ΔT 等于阶跃高度的 0.632 倍时的时间 t 为传感器的时间常数 $\tau_{0.632}$。图 5-17 所示是热端加热式铠装热电偶水位传感器在水位阶跃下降时的温差 $\Delta T(t)$ 响应曲线，由作图法可得到时间常数 $\tau_{0.632}$。

对于实际工况，由于传感器本体也有热阻 $R_{s本}$，所以传感器在水（液）中达到热平衡时传感器的温度 T 会高于周边液体介质温度 T_∞。

图 5-18 是某一传 $\phi5$ 分体式传感器在常温常压水-空气环境中同一工况下的 $Q=0.5\mathrm{W}$、$1.0\mathrm{W}$ 和 $1.5\mathrm{W}$ 时的温差响应曲线 $\Delta T(t)$ 数值模拟曲线。

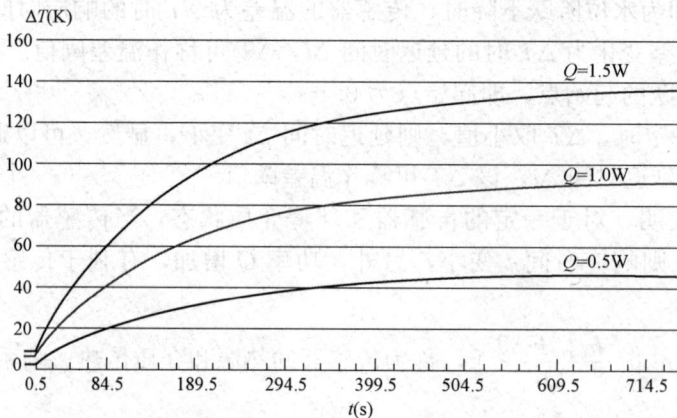

图 5-18 水位下降时不同 Q 下的 $\Delta T(t)$ 数值模拟曲线

（6）水位阶跃上升时传感器的响应时间和温差响应特性分析。设传感器的平均质量和比热容为 m 和 c_p，加热功率为 Q，传热面积为 F，环境介质温度为 T_∞，且保持恒定（大多数工况下环境空气介质温度 T_∞ 和水液介质温度 T_∞ 相等）。传感器的表面传热系数为 h_{liquid}。不

计轴向和辐射传热。当水位阶跃上升开始时，传感器的温度处在高位，设壁面温度为 $T_{w, vapor}$，根据能量守恒原理，在时间 dt 内，传感器减少的热量等于其向周边水（液）介质的散热量，即有

$$-c_p m dT = h_{liquid} F(T - T_\infty) dt \qquad (5 - 27)$$

$$-c_p m \left(\frac{dT}{dt}\right) = h_{liquid} F(T - T_\infty) \qquad (5 - 28)$$

$$-c_p m \frac{dT}{h_{liquid} F(T - T_\infty)} = dt \qquad (5 - 29)$$

令 $\tau_c = \dfrac{c_p m}{h_{liquid} F}$，即传感器时间常数，得

$$dt = -\tau_c \frac{dT}{(T - T_\infty)} \qquad (5 - 30)$$

式（5 - 30）两边积得

$$t = -\tau_c \ln(T - T_\infty) C \qquad (5 - 31)$$

$$\ln e^{-t/\tau_c} = \ln(T - T_\infty) C \qquad (5 - 32)$$

$$e^{-t/\tau_c} = (T - T_\infty) C \qquad (5 - 33)$$

由初始条件，当 $t = 0$ 时传感器的温度 $T = T_{w, vapor}$，得常数 C 为

$$C = \frac{1}{(T_{w, vapor} - T_\infty)} \qquad (5 - 34)$$

所以，将 C 值代入式（5 - 33）得

$$\frac{T - T_\infty}{T_{w, vapor} - T_\infty} = e^{-t/\tau_c} \qquad (5 - 35)$$

由式（5 - 35）得

$$\Delta T = T - T_\infty = (T_{w, vapor} - T_\infty) e^{-t/\tau_c} \qquad (5 - 36)$$

设 $T_{w, vapor} = T_{vapor}$，则

$$\Delta T = T - T_\infty = (T_{vapor} - T_\infty) e^{-t/\tau_c} \qquad (5 - 37)$$

式中：$(T_{w, vapor} - T_\infty)$ 或 $(T_{vapor} - T_\infty)$ 为阶跃高度，当 $t = 0$ 时 ΔT 等于 $(T_{w, vapor} - T_\infty)$ 或 $(T_{vapor} - T_\infty)$，t 趋于 ∞ 时 ΔT 趋于 0。

所以，当水位阶跃上升时，当传感器的温差为 ΔT 时的响应时间 t 为

$$\text{或} \qquad t = \tau_c \ln\left(\frac{T_{w, vapor} - T_\infty}{\Delta T}\right)$$

$$t = \tau_c \ln\left(\frac{T_{vapor} - T_\infty}{\Delta T}\right) \qquad (5 - 38)$$

式（5 - 38）即为水位阶跃上升时，传感器的温差为 ΔT 时的响应时间 t，该响应时间 t 应看作传感器的温差变化为 ΔT 时的延迟时间 Δt，ΔT 可称作温差阈值，此时的 t 的起始点即是水位阶跃的起始点，即起始点为 0。

当 $t = \tau_c$ 时，式（5 - 37）写成

$$\Delta T = 0.368(T_{vapor} - T_\infty) \qquad (5 - 39)$$

式（5 - 39）表明，当温差 ΔT 等于阶跃高度的 0.368 倍时的时间 t，即为传感器的时间常数 $\tau_{0.368}$。图 5 - 19 所示是水（液）位阶跃上升时传感器的温差响应的曲线，由作图法可得到时间常数 $\tau_{0.368}$。

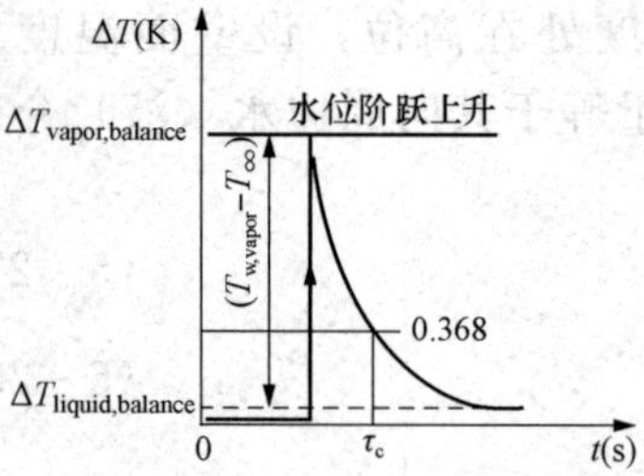

图 5-19 水（液）位阶跃上升
时传感器的温差响应的曲线

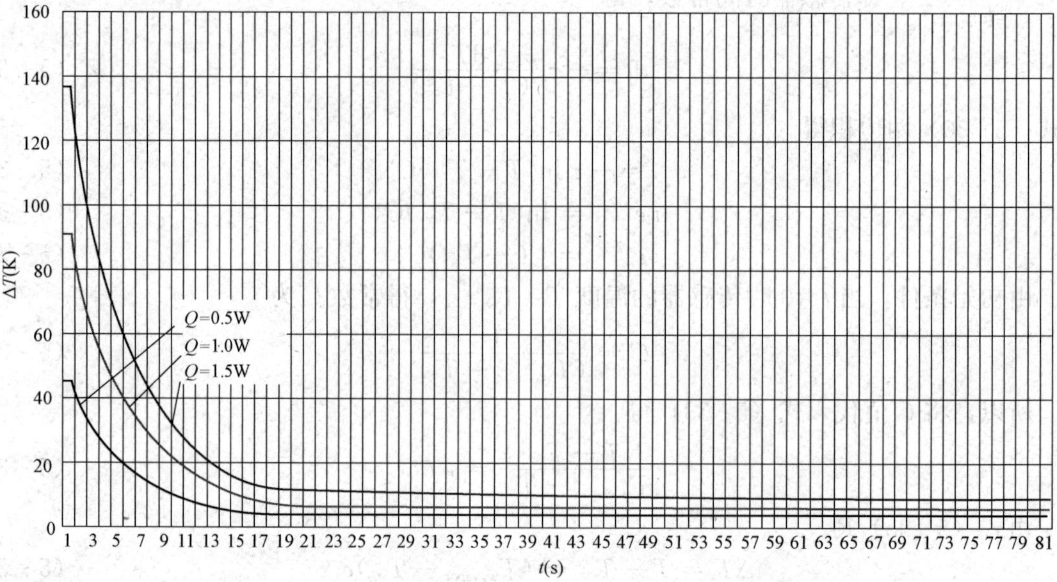

对于实际工况，由于传感器本体也有热阻 $R_{s\lambda}$，所以传感器在水（液）中达到热平衡时传感器的温度 T 会高于周边液体介质温度 T_{∞}。

图 5-20 所示是某一传 $\phi5$ 分体式传感器在常温常压水 - 空气环境中同一工况下的 $Q=0.5W$、$1.0W$ 和 $1.5W$ 的和相应的 $h_{vapor}=5.81W/(m^2 \cdot K)$、$\tau_{c,vapor}=166.4s$，$h_{liquid}=410.6W/(m^2 \cdot K)$ 和 $\tau_{c,liquid}=2.35s$ 时的 $\Delta T(t)$ 数值计算结果。

图 5-20 同一工况时不同 Q 下的 $\Delta T(t)$ 数值计算真结果

图 5-21 是某一外径为 $D=5mm$，敏感区长为 30mm，插入深度为 100mm 传感器，在高压高温 320℃水 - 汽环境中温差响应的数值模拟结果。数值计算参数是水（液）位阶跃下降的 $\tau_{c,vapor}=12.3s$，传热系数 $h_{vapor}=78.3W/(m^2 \cdot K)$，水（液）位阶跃上升的 $\tau_{c,liquid}=2.1s$，传热系数 $h_{liquid}=485.6W/(m^2 \cdot K)$，得到图 5-21 所示的是水（液）位阶跃上升/下降时的传感器温差响应的数值计算结果。

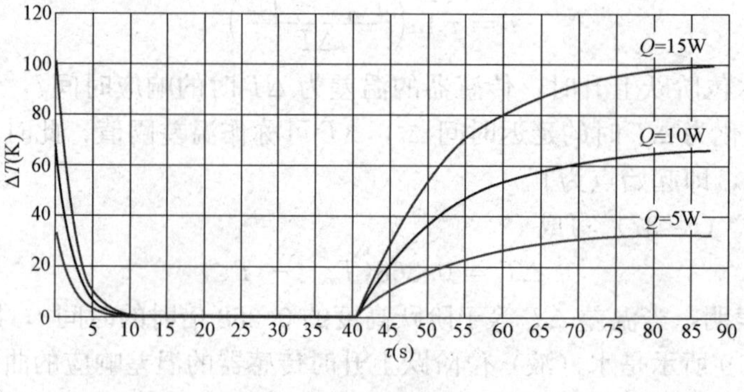

图 5-21 高温下水位阶跃上升/下降时的传感器的温差响应仿真结果

从数值计算结果可以明显看到，在不同 Q 时，由于水蒸汽的传热性能明显优于空气，所以传感器的温差 ΔT 的响应速度明显加快。

从上述叙述可以看出，传感器的响应时间取决于传感器的材料和几何形状、环境介质汽/气传热系数和传感器加热功率，它与传感器的材料特性（c_p、ρ 和 λ）、形状（V 和 F）、温差 ΔT（$T_Q - T_{ref}$）、环境介质状态（T_∞、λ_∞、h_∞）和加热功率 Q 有关。由于传感器在水与汽/气介质中的传热性能相差很大，对于 τ_c 较小的传感器，当水位上升浸没传感器的敏感部位时，传感器的响应速度很快，但当水位下降脱离传感器的敏感部位时，传感器的响应速度要慢得多。实验发现，传感器外壁面的水膜或水滴对响应时间的影响是较大的，水膜的存在往往使响应速度变慢，由于加热功率 Q 的大小对外壁面水膜或水滴的蒸发速度影响很大，所以，在 Q 条件允许的情况下，加大加热功率 Q 有利于套管壁水膜蒸发，可以有效地改善温差响应时间。

由于热端加热式铠装热电偶水位传感器是利用热效应原理，体积也较大，所以热惯性是比较大的，从而使传感器的响应时间较长，时间常数比较大；而且当水淹没与脱离传感器时传感器的响应时间是不一样的，一般而言，当水淹没传感器时传感器的温差响应速度要快得多。实际应用时，一般不采用 τ_c，而采用温差阈值法、温差斜率（差分）法或双参数融合法下的响应时间来表达传感器的响应速度，其数值一般为几秒至几十秒。

【例 5-1】 图 5-22 所示的是一支外径 $D = 4.5mm$ 的铠装一体化传感器在常温常压水-空气环境中，加热功率 Q 为 1.0W 时的水（液）位阶跃上升和下降时实验测得到的温差响应曲线，用作图法得到水（液）位阶跃上升时时间常数 $\tau_{0.368} = 0.81s$，水（液）位阶跃下降时 $\tau_{0.632} = 140.0s$。如采用温差阈值法，取 $\Delta T_{vapor,threshold} = 10K$，则 $\Delta\tau_{vapor,10℃} = 23.6s$，而 $\Delta t_{liquid,10℃}$ 很小，如采用温差变化斜率法，延迟时间 $\Delta\tau$ 几乎为 0，图中温差响应曲线的波动是传感器表面存有水滴的原因。

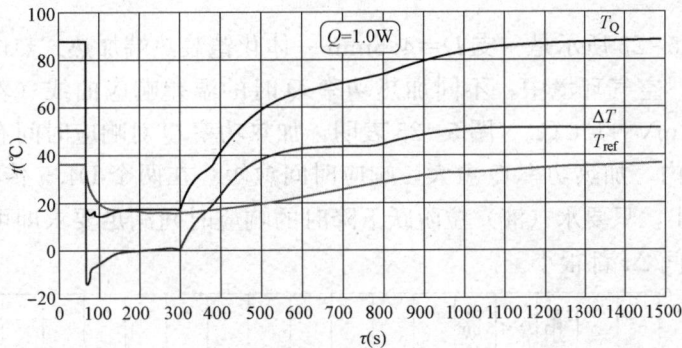

图 5-22 $D = 4.5mm$ 的铠装一体化传感器温度响应曲线

【例 5-2】 图 5-23 所示是一支外径 $D = 5.0mm$ 的铠装分体式传感器在常温常压水-空气环境中，加热功率 Q 为 1.5W 时的水（液）位阶跃上升和下降时实验测得到的温度响应曲线。

【例 5-3】 图 5-24 是平面型加热功率 $Q = 1.0W$ 时传感器在常温常压水-空气环境中水位阶跃上升与下降时温度信号，经处理后得到灵敏度、时间常数和给定阈值下的响应时间，采用的是作图法。实验结果是：灵敏度 K 约为 19.5，水位阶跃上升时 $\tau_{0.368} = 0.89s$，水位阶跃下降时 $\tau_{0.632} = 89.3s$，给定阈值 $\Delta T = 10K$ 下的响应时间 $\Delta\tau = 23.2s$。如采用温差变化斜率法，延迟时间 Δt 都很小。

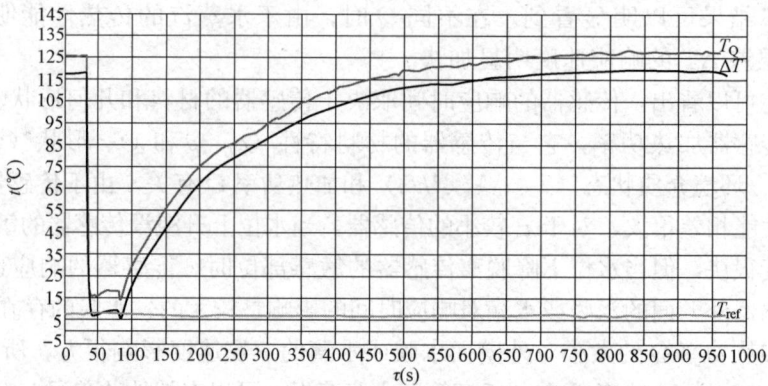

图 5-23　分体式传感器在水位阶跃上升与下降时的温差信号

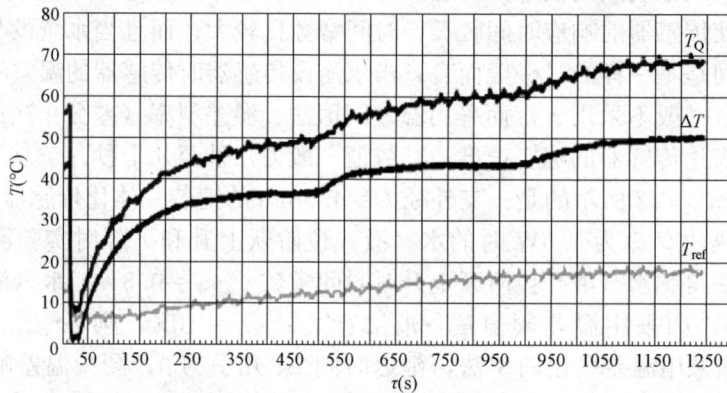

图 5-24　平面型传感器在水位阶跃上升与下降时的温差响应曲线

【例 5-4】　图 5-25 所示是一支 $D=4.5\text{mm}$ 一体化铠装热端加热式热电偶（K 型）传感器，在常温常压水-空气环境中，不同加热功率 Q 时的温差响应曲线（若用 K 型热电偶，在较大范围内 $0.04\text{mV}=1.0℃$）。图 5-25 表明，加热功率 Q 对响应时间有明显的影响，在一定和允许的范围内，加热功率 Q 愈大，响应时间愈短。在两个 D4.5 传感器实验例子中，由于 $\Delta\tau_{\text{liquid},℃}$ 都很小，只要水（液）位阶跃下降时的响应时间满足要求即可。如采用温差变化斜率法，延迟时间 $\Delta\tau$ 都很小。

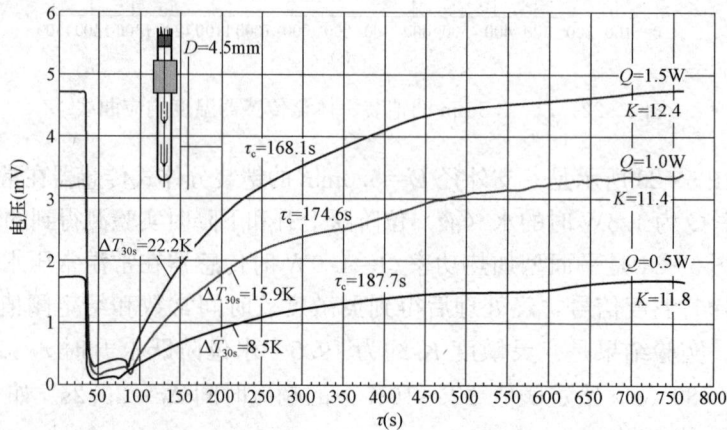

图 5-25　铠装热端加热式热电偶传感器不同加热功率 Q 时温差响应曲线

【例 5 - 5】 图 5 - 26 所示为三只一体化热端加热式热电偶组合而成的液位传感器示意，其在常温常压空气/水环境中，随水位上升与下降时的温差响应曲线如图 5 - 27 所示，水位上升时的温差的负值是由于加热热电偶的温度领先不加热热电偶到达水温。

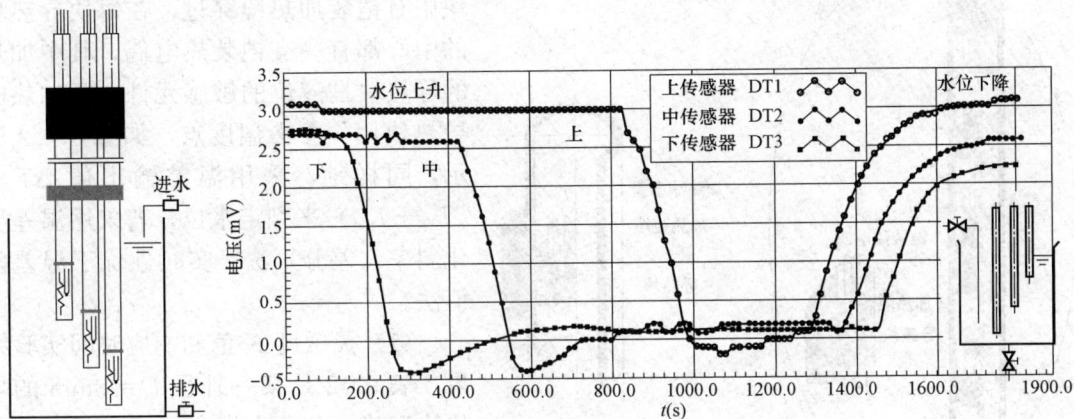

图 5 - 26 组合式传感器在水位上升与下降时的温差响应曲线

（7）传感器的轴向分辨率。传感器的轴向分辨率表示传感器的液位测量的轴向精度，以敏感元件为中心，在可靠读出 ΔT 值下，刻度出轴向$+\Delta H$、0.0 和$-\Delta H$ 位置，以表示液位测量的轴向精度（见图 5 - 27），通常由实验标定。

（8）传感器水位信号的格雷码（Gray）组合技术。热端加热式热电偶水位传感器测量多点水位时，信号引线多，为克服这个缺点，可以采用格雷码（Gray）技术组合热端加热式热电偶水位传感器的水位信号，即可大大减少信号引线数量，例如，测量 8 个水位信号，用热端加热式热电偶水位传感器测量时要有 16 根热电偶引线，采用格雷码（Gray）技术组合后只需 3 根热电偶引线即可测量 7 个水（液）位。图 5 - 28 所示是由 8 支热端加热式热电偶，用格雷码（Gray）技术连接后的信号输出，用 3 根信号引线（D_0、D_1 和 D_2）即可。

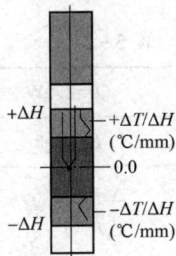

图 5 - 27 轴向
分辨率

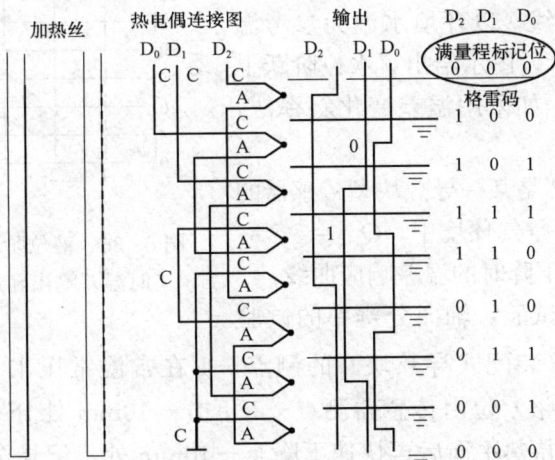

图 5 - 28 传感器水位信号的格雷码（Gray）组合技术

2. 导热块型热电偶液位传感器的基本结构与特性

导热块型的热电偶液位传感器，就是在一承压套管内，沿轴向布置若干个导热块，导热块中有加热的和不加热的，加热的导热块中有铠装加热缆穿过，在每块导热块的中心都有一支铠装热电偶，其中加热的导热块是液位的敏感元件，不加热的导热块用作参考温度点，如图 5 - 29 所示，同样地，采用温差输出值 $\Delta T = (T_Q - T_{ref})$ 来判定水位，若采用温差变化斜率（差分）法，实时性优于温差阈值法。

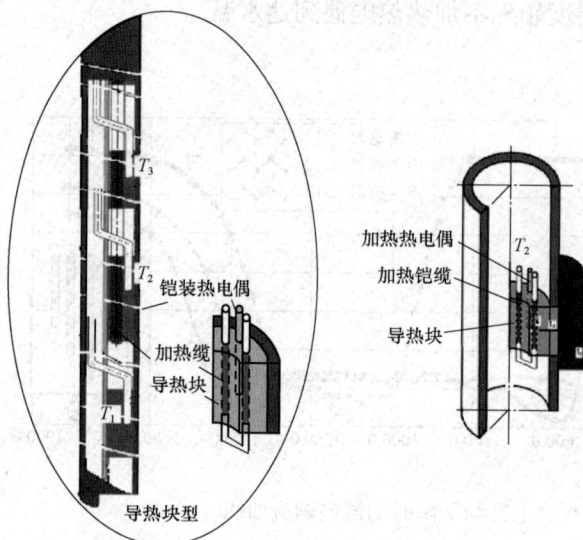

图 5 - 29 导热块型热电偶水位传感器

（1）灵敏度 K 值和响应时间实验结果。表 5 - 2 是某一外径 $D = 8mm$ 的导热块型热电偶水位传感器在常压空气 - 水环境中传感器的静态特性及动态特性实验结果，从中可以看出功率对传感器的灵敏度的影响，图 5 - 30 所示是表 5 - 2 数据的曲线表达。

表 5 - 2 不同加热功率下的灵敏度 K 值和响应时间

$Q = 2.0W$	$Q = 3.0W$	$Q = 4.0W$	$Q = 6.0W$
$K = 2.3$	$K = 3$	$K = 3.5$	$K = 4.2$
$\Delta\tau = 30$、$60s$ $\Delta T = 4$、$9K$	$\Delta\tau = 30$、$60s$ $\Delta T = 8$、$16K$	$\Delta\tau = 30$、$60s$ $\Delta T = 11$、$22K$	$\Delta\tau = 30$、$60s$ $\Delta T = 18$、$35K$

【例 5 - 6】 图 5 - 31 是某一导热块型传感器的测点－2 在常温常压水 - 空气环境中水位阶跃上升与下降时的温差响应曲线，以环境水温为参考温度，加热功率 $Q_2 = 2.5W$，图示给出了水位阶跃上升与下降时的 ΔT_{30s} 值。如采用温差变化斜率法，延迟时间 Δt 都很小。

【例 5 - 7】 图 5 - 32 是某一导热块型传感器的测点－1 在常温常压水 - 空气环境中，$Q_{1,2} = 5$、8、$10W$ 时水位阶跃上升与下降时的温差响应曲线。

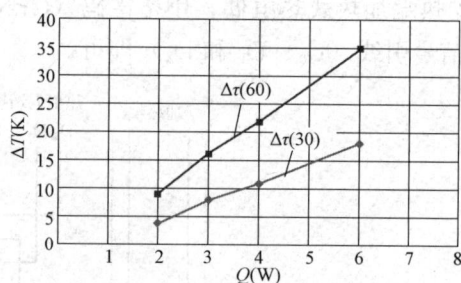

图 5 - 30 液位阶跃下降延时 30s 和 60s 时温差输出随加热功率 Q 的变化

（2）轴向分辨率的试验。轴向分辨率的试验是在直径 φ8 的传感器（装配式导热块）的测点－1 在常温常压水 - 空气环境中的试验，$Q_1 = 4W$，试验时，水（液）位由传感器测点－1 下方－10mm 处分别快速上升至 0.0mm、10mm、……、70mm 处，待热平衡后再快速下降至－10mm 处，记录全过程数据，经处理后的结果如图 5 - 33 所示，图示表明，轴向分辨率 $\Delta T/\Delta H$（K/mm）在－10～30mm 范围内基本相同，约为 2.7K/mm。

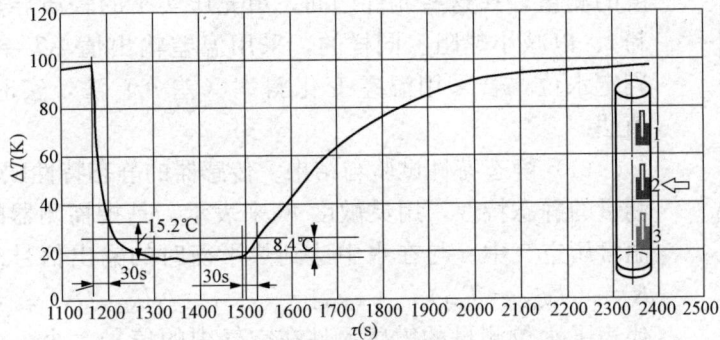

图 5-31　导热块型传感器的测点-2 的温差响应曲线

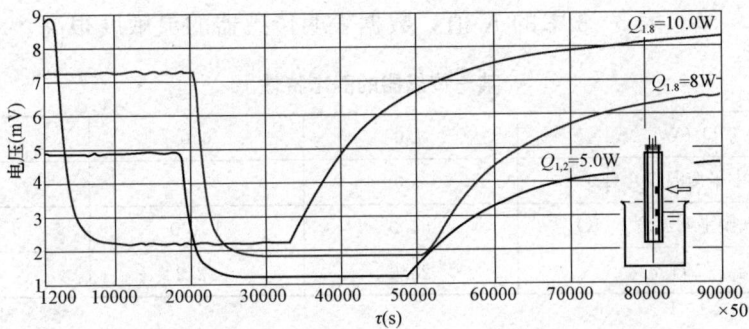

图 5-32　导热块型传感器的测点-1 的温差响应曲线

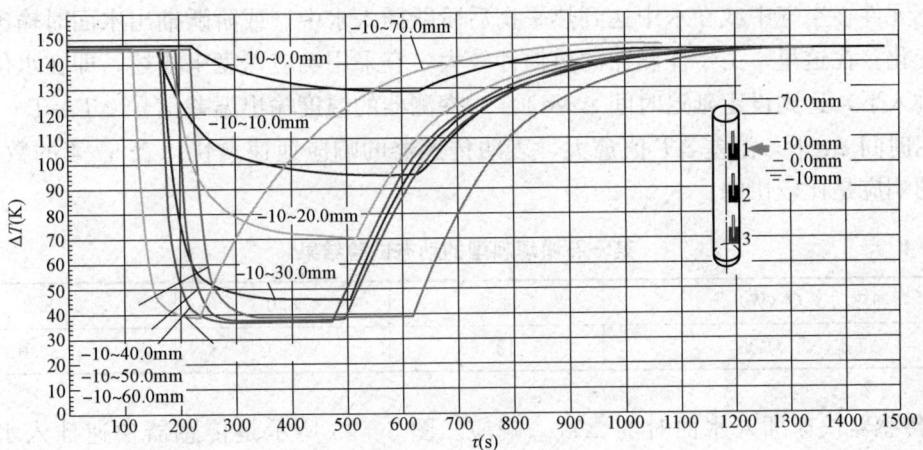

图 5-33　轴向分辨率试验结果

3. 填料型热电偶液位传感器的基本结构与特性

填料型的热电偶液位传感器（见图 5-34），就是在一承压套管内的中心处有一根铠装加热缆，其可以是分段加热的，也可以是整体加热的，常用分段加热的加热缆，围绕铠装加热缆的若干分段加热的中心位置，布置若干支铠装热电偶，这些铠装热电偶是液位

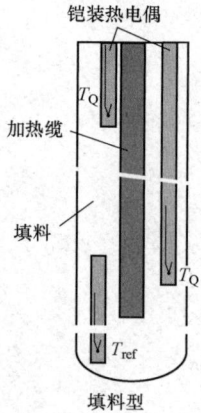

图 5-34　填料型热电偶液位传感器

的敏感元件，在不加热段处，也布置有铠装热电偶，用作参考点温度的测量，在这些元件之间，填充压实了的轻质导热粉末（如石墨粉），以减小热阻。同样的，采用温差输出值 $\Delta T = (T_Q - T_{ref})$ 来判定水位，若采用温差变化斜率（差分）法，实时性优于温差阈值法。

（1）静态特性试验与结果。传感器的静态特性试验主要是指水位测量的静态特性，用灵敏度 K 来表示，是指探测器的敏感元件在常温常压空气中、与在水中达到热平衡时的输出信号的大小之比，即 $K = (T_{vapor} - T_{ref}) / (T_{liquid} - T_{ref}) = \Delta T_{vapor} / \Delta T_{liquid}$，$(T_{vapor} - T_{ref})$ 代表了水位测量的敏感元件在空气中的信号大小，$(T_{liquid} - T_{ref})$ 代表了水位测量的敏感元件在水中的信号大小，显然，两者相差愈大，表明水位测量的灵敏度愈高，测量的可靠性愈高，试验结果见表 5-3 中的 K 值，数据表明传感器的灵敏度很高。

表 5-3　　　　　　　　　　某一传感器的静态特性

加热功率 Q（W）	4.0	6.0	8.2
ΔT_{liquid}（在水中平衡温度）（K）	3.0	5.0	7.0
ΔT_{vapor}（在空气中平衡温度）（K）	84.0	111.0	122.0
$K = \Delta T_{vapor} / \Delta T_{liquid}$	28.0	22.2	17.4

（2）动态特性试验与结果。

1）传感器从水中快速抽出水面时的响应速度的试验结果。探测器的动态特性是指探测器的敏感元件在空气中或在水中达到热平衡后阶跃插入水中、或阶跃抽出水面时输出信号随时间的变化。在这里，由于探测器的热惯性较大，宜采用响应速度来描述，即在水位阶跃下降信号输入下，达到设定延迟时间 $\Delta \tau = 30s$ 时探测器的温度输出温差信号 $\Delta T = T - T_{ref}$，在相同延迟时间 $\Delta \tau$ 下，温差 ΔT 值愈大，表明传感器的响应速速愈快，表 5-4 的数据表明，传感器的响应是比较快的。

表 5-4　　　　　　　　　　某一石墨填料型的动态试验结果

加热功率 Q（W）	4.0	6.0	8.2
$\Delta T_{vapor,30s}$（K）	13.0	23.0	30.0

2）传感器快速插入水面时的 ΔT_{liquid} 响应。图 5-35 所示是传感器快速插入水面时的 ΔT_{liquid} 响应，从图中可清楚看到当 $Q = 2.43W$ 时，水面快速到达 -20、-15、-10、-5、0、$+5$、$+10$、$+15$、$+20mm$ 后，延迟 10s、20s 和 30s 时的 ΔT_{liquid} 响应曲线和数值，数据表明，传感器的响应是比较快的。

5.2.2　热式差分热电偶串液位探测器

热式差分热电偶串水位传感器（BICOTH）是日本原子能所研发成功的，应用于沸水反应堆堆芯水位测量。

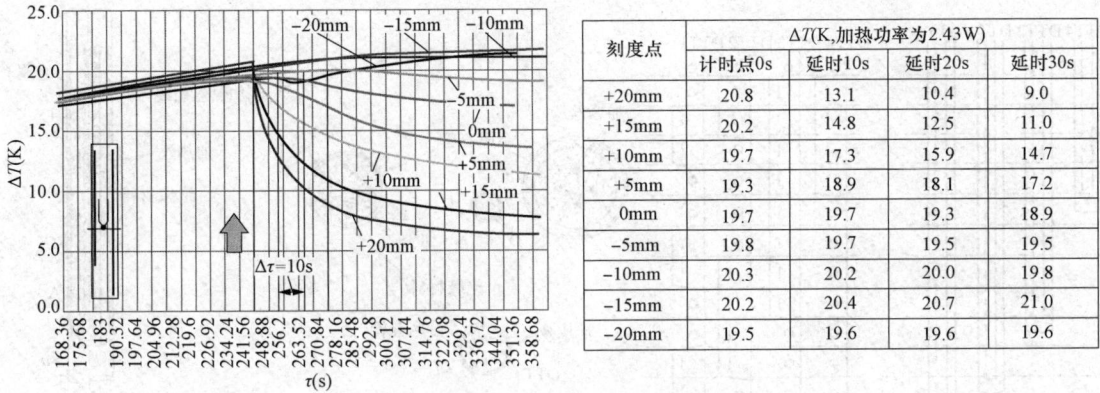

刻度点	ΔT(K,加热功率为2.43W)			
	计时点0s	延时10s	延时20s	延时30s
+20mm	20.8	13.1	10.4	9.0
+15mm	20.2	14.8	12.5	11.0
+10mm	19.7	17.3	15.9	14.7
+5mm	19.3	18.9	18.1	17.2
0mm	19.7	19.7	19.3	18.9
−5mm	19.8	19.7	19.5	19.5
−10mm	20.3	20.2	20.0	19.8
−15mm	20.2	20.4	20.7	21.0
−20mm	19.5	19.6	19.6	19.6

图 5-35　填料型传感器快速插入水面时的温差 ΔT 响应

1. 热式差分热电偶串水位传感器（BICOTH）的水位测量原理

如图 5-36 所示，用电加热丝加热一差分 K 型热电偶串 DDT，随水位上升，当水位在 NiAl 段上时，热电偶测温体系为 C-A-C，由热电偶测温原理可知 DDT 有信号输出，在 NiCr 段上时，热电偶测温体系为 C-C-C，DDT 无输出，水位下降时，除信号有较大延时外，结果相同。如果用 0.5 倍输出值为阈值进行归一化处理，随着水位上升或下降，就有一串 0、1 输出，若用 4 支热电偶串 DDT（见图 5-37）就会得到与水位对应的四位格雷码数，译成十进制数，就能方便读出水位高度。若用 n 支热电偶串 DDT，最多可以测量（2^n-1）个水位。

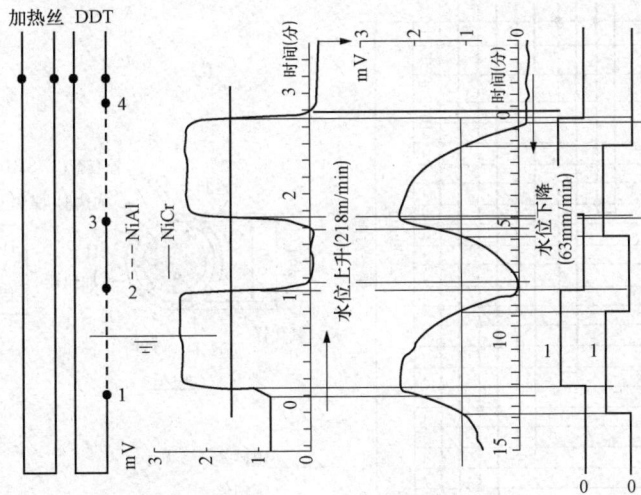

图 5-36　BICOTH 水位测量原理

2. 热式差分热电偶串水位探测器的基本结构和特性

日本原子能所首先研制出研发的二位数字编码热式差分热电偶串水（液）位传感器，即 BICOTH（0、1 二位码）型，主要结构形式见图 5-38 所示。其中柔性结构的探测棒型外径小，热响应较快，可用 n 支组合起来使用。

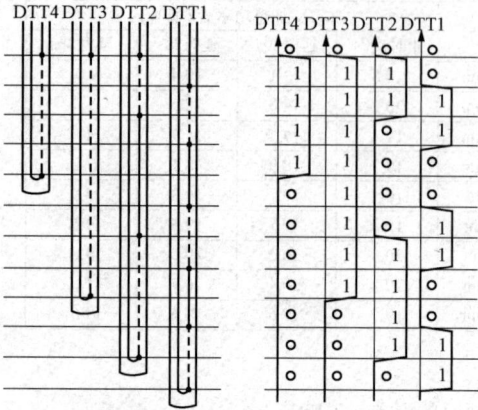

图 5-37　四位格雷码水位信号输出

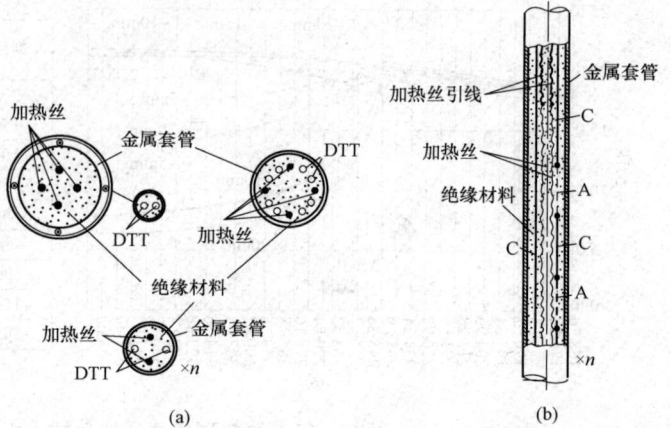

图 5-38　BICOTH 型热式差分热电偶串水（液）位探测器
（a）一体化结构的探测棒型；（b）柔性结构的探测棒型

（1）探测棒型水（液）位传感器的基本结构和特性。探测棒型水（液）位传感器的结构如图 5-39 所示，也可以称一体化水（液）位传感器，这是一种组合式结构，在一根 $\phi 20$ 加热棒的周围布有 5 支 $\phi 1.6$ 的差分热电偶串，差分热电偶节点间距 200mm，量程为 2600mm。

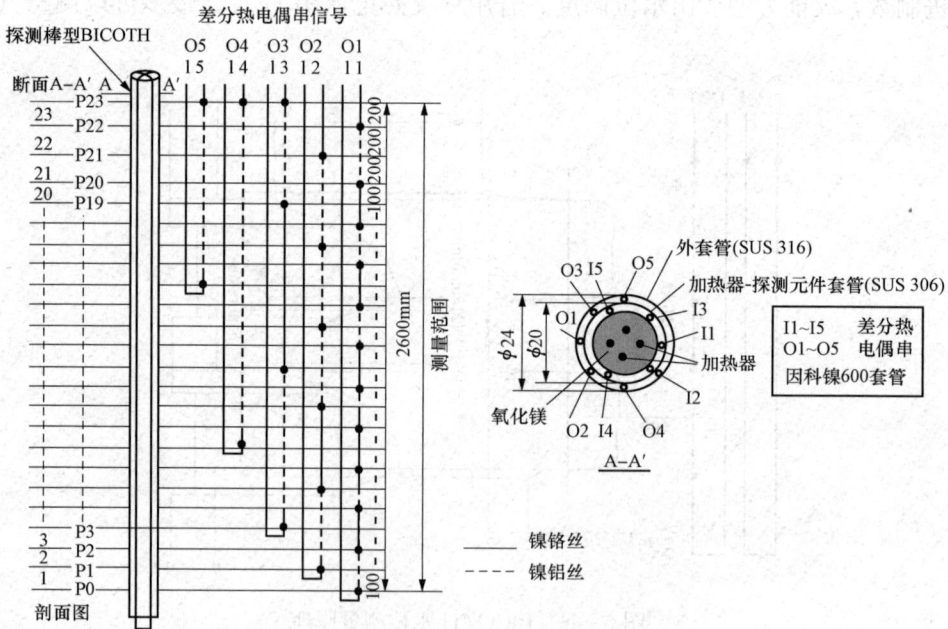

图 5-39　探测棒型水（液）位传感器的结构

探测棒型水（液）位传感器的静态和动态特性如图 5-40 所示，图示表明，由于探测棒型水（液）位传感器的直径较大，动态特性较差，水（液）位快速下降时，$\tau_{0.632} = 21$min，水（液）位快速上升降时，$\tau_{0.632} = 31$s。

（2）柔性型水（液）位传感器。柔性型水（液）位传感器，也称线型水（液）位传感器，是由数支铠装型结构（套管内布有电加热丝和差分热电偶串）组合而成，如图 5-41 所示，其动态特性如图 5-42 所示，水（液）位快速上升时，$\tau_{0.632}=0.5s$，水（液）位快速下降时，$\tau_{0.632}=85s$，其动态特性明显优于探测棒型水（液）位传感器。

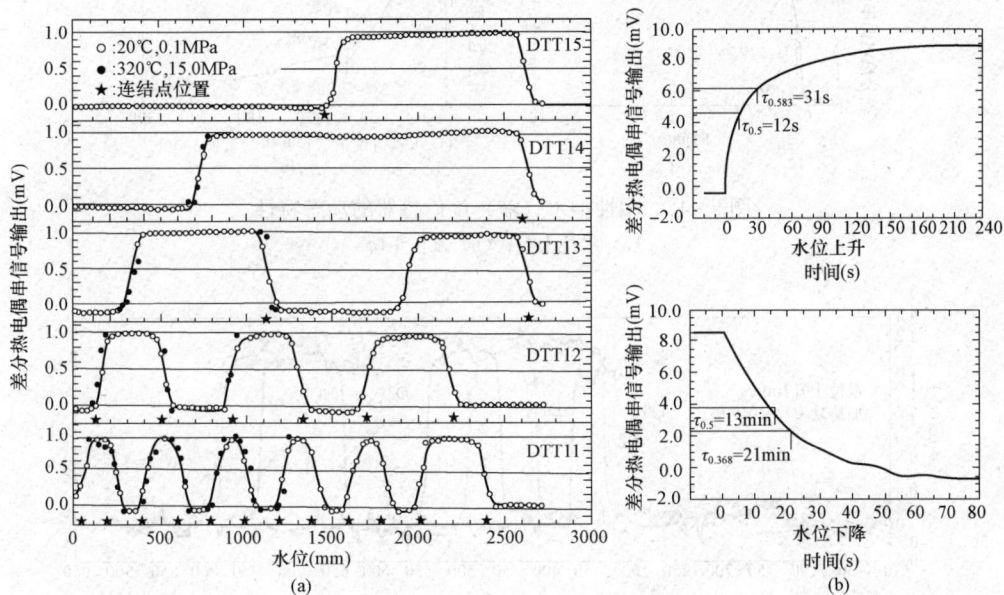

图 5-40　探测棒型水（液）位传感器的静态和动态特性

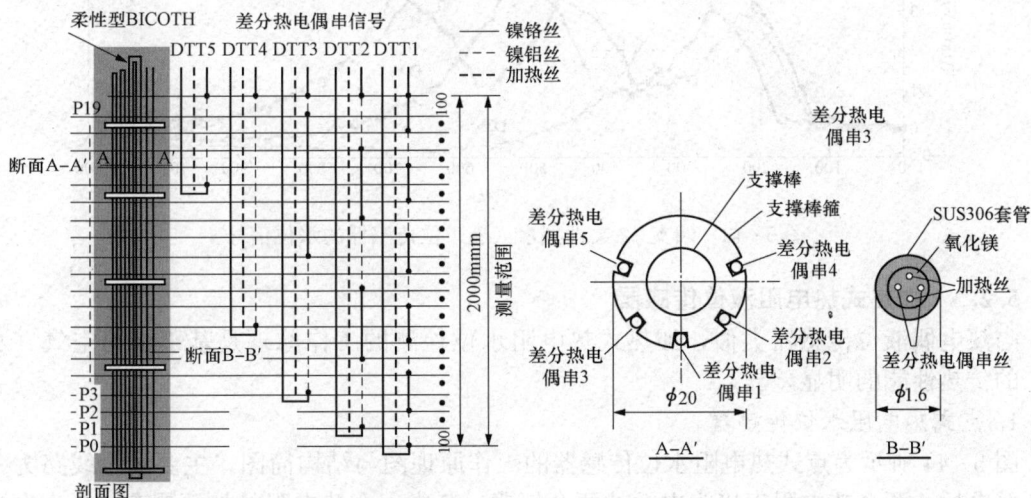

图 5-41　柔性型水（液）位传感器的结构

【例 5-8】　图 5-43 所示是四支 φ2.0 的柔性型水（液）位传感器在常温常压水-空气中，水位以 1～1.2mm/s 速度上升与下降运动，加热功率 $Q=10W/m$ 时的水位温差信号 ΔT 输出波形，可以测量 11 个水位，图 5-43 中信号曲线表明，水位上升时的响应速度明显快于水位下降时的速度。如采用温差变化斜率法，延迟时间 $\Delta\tau$ 要比温差阈值法的小得多。

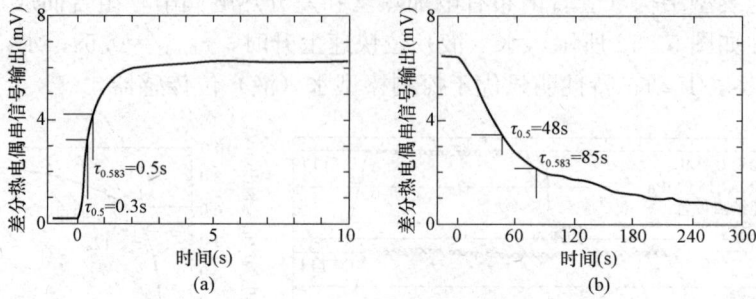

图 5-42 柔性型水（液）位传感器的动态特性

（a）水位上升；（b）水位下降

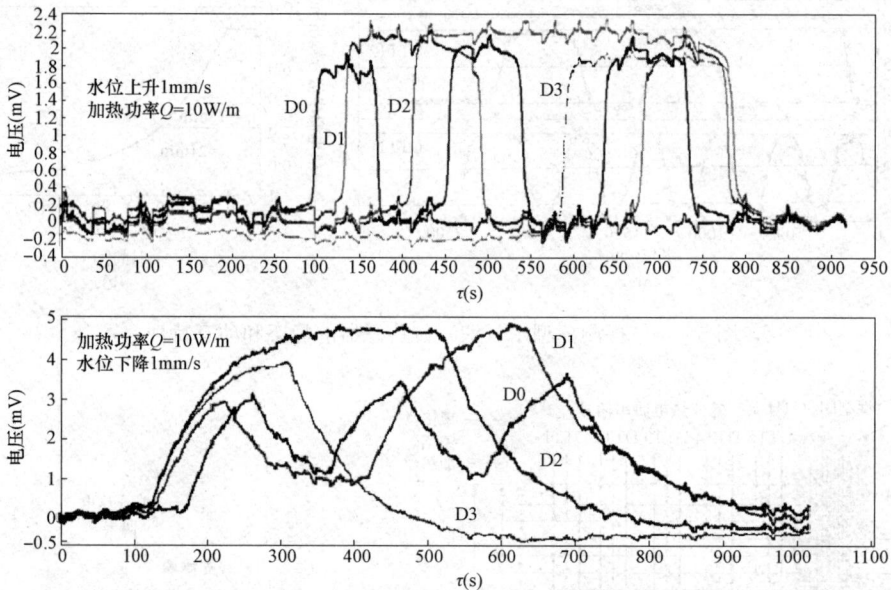

图 5-43 四支 φ2 柔性型水（液）位传感器的水位信号

5.2.3 加热式热电阻液位传感器

与热电偶液位传感器类似，加热式热电阻水位检测的工作原理是基于水与空气（水蒸气）的传热性能的明显差异。

1. 点式热电阻水位传感器

图 5-44 所示为点式热电阻水位传感器的工作原理图与结构简图，主要测量线路为一个惠斯登电桥。两个热电阻串接为电桥的两个邻臂，其中一个热电阻的外面围有一个由电流加热的线圈。这两个热电阻置于压力容器内需监测的水位高度处。当两者同时浸于水中，即容器内水位高于监测点时，由于水的导热性能好，加热线圈发出的热量大部被水导走，两个热电阻的温度相差很小，也即其电阻值基本相等。这时电桥基本平衡，电桥仅输出很小的电压信号。当水位下降，低于热电阻时，电阻温度计被水蒸气包围。由于水蒸气的传热性能差，加热线圈的热量不易导出，两个热电阻的温度相差很多，导致电阻值的差别，电桥呈不平衡状态，输出一个较大的电压信号（约 100mV），所以根据电桥输出电压的大小可判断水位相对于热电阻的位置。

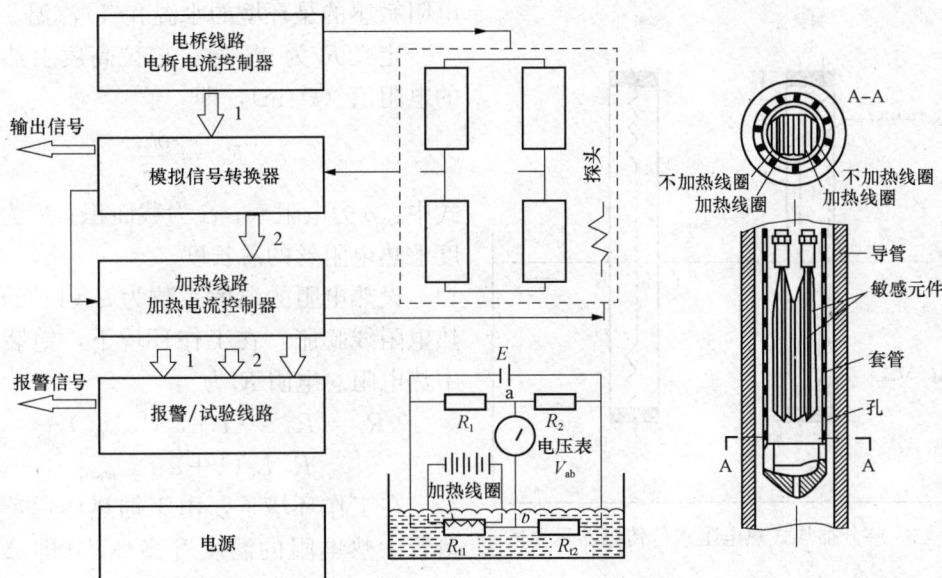

图 5-44　点式热电阻水位传感器工作原理与结构简图

由惠斯登电桥可知

$$U_a = \frac{ER_1}{R_1 + R_2}, U_b = \frac{ER_{t1}}{R_{t1} + R_{t2}} \tag{5-40}$$

所以输出电压

$$U_{ab} = \frac{ER_1}{R_1 + R_2} - \frac{ER_{t1}}{R_{t1} + R_{t2}} = E\frac{R_1 R_{t2} - R_2 R_{t1}}{(R_1 + R_2)(R_{t1} + R_{t2})} \tag{5-41}$$

如果选取 $R_1 = R_2$，式（5-41）可写成

$$U_{ab} = E\frac{(R_{t2} - R_{t1})}{2(R_{t1} + R_{t2})} \tag{5-42}$$

　　从式（5-42）可知，输出电压 U_{ab} 基本上与两只热电阻的差值成正比，与两只热电阻的和成反比，如果两只热电阻同时浸入水中，由于水的良好传热特性，两只热电阻的差值几乎为零，明显要小于两只热电阻同时暴露在气或汽中时的差值。由此可根据输出电压的不同可判断测点是否被液体浸没，若将上述所述的单点传感器沿高度多点排布组合形成组件，可进一步用来判别气/汽-液界面所在的位置，实现液位的测量。

　　2. 差分加热式热电阻水位传感器

　　差分加热式热电阻水位传感器分为旁热式和自热式两种。

　　旁热式差分热电阻水位传感器结构简图如图 5-45 所示，由铠装测量管 R 和铠装参考管 Rr 组成，铠装测量管 R 和铠装参考管 Rr 由金属套管、热电阻纯镍丝、加热丝和绝缘材料 MgO 组成。工作时测量管 R 采用电加热丝（恒功率）旁热方式加热热电阻纯镍丝，其为水位的敏感元件，参考管 Rr 的结构尺寸与测量管完全相同，不同的是热电阻纯镍丝不加热（加热丝不通电），其敏感水-气的环境温度，加热热电阻 R 和不加热热电阻 Rr 差分连接。

　　如图 5-45 所示，设环境水温为 $T_{\infty, liquid}$，环境气温为 $T_{\infty, vapor}$，水中热电阻高度为 L_2，由于加热，铠装测量管中热电阻的温度升高为 ΔT_{liquid}，空气中热电阻高度为 L_1，由于加热，热电阻的温度升高为 ΔT_{vapor}，热电阻总高度为 L（即量程）。由于不加热，铠装参考管中热

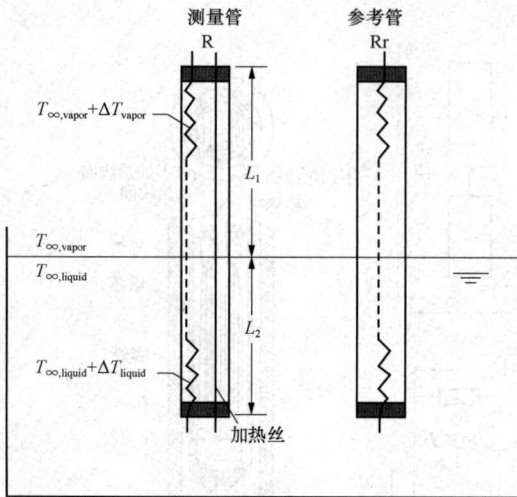

图 5-45　差分加热式热电阻水位传感器示意图

电阻敏感的是环境的水温和气/汽温。

定义 R_0 为 0℃ 时，单位高度上热电阻丝的电阻值（Ω/m），即

$$R_0 = \frac{\rho h_0}{S} \tag{5-43}$$

式中：ρ 为电阻率；S 为截面积；h_0 为单位高度上热电阻丝的总长度。

设热电阻的温度系数为 α（1/℃），不计热电阻线膨胀，在工作环境下，铠装参考管中热电阻总电阻 R_r 为

$$R_r = R_0 L_1 (1 + \alpha T_{\infty,vapor}) + \\ R_0 L_2 (1 + \alpha T_{\infty,liquid}) \tag{5-44}$$

在工作环境下，由于加热作用，铠装测量管中热电阻的温度升高 ΔT（即 ΔT_{liquid} 和 ΔT_{vapor}），测量管中热电阻总电阻 R 升高，其值为

$$\begin{aligned}
R &= R_0 L_1 [1 + \alpha(T_{\infty,vapor} + \Delta T_{vapor})] + R_0 L_2 [1 + \alpha(T_{\infty,liquid} + \Delta T_{liquid})] \\
&= R_0 L_1 (1 + \alpha T_{\infty,vapor}) + R_0 L_1 \alpha \Delta T_{vapor} + R_0 L_2 (1 + \alpha T_{\infty,liquid}) + R_0 L_2 \alpha \Delta T_{liquid} \\
&= R_r + (R_0 L_1 \alpha \Delta T_{vapor} + R_0 L_2 \alpha \Delta T_{liquid})
\end{aligned} \tag{5-45}$$

所以，式（5-44）和式（5-45）相减得差分值为

$$\Delta R = R - R_r = R_0 L_1 \alpha \Delta T_{vapor} + R_0 L_2 \alpha \Delta T_{liquid} \tag{5-46}$$

由此可知，差分结果 ΔR 与环境温度无关，即消去了环境水温和气温对 ΔR 的影响，差分后的热电阻仅反应由水位变化而引起的热电阻的变化值。

设热电阻总高度 L 为

$$L = L_1 + L_2 \tag{5-47}$$

解方程组式（5-46）和式（5-47），得水位高度 L_2 为

$$L_2 = \frac{\Delta R - R_0 L \alpha \Delta T_{vapor}}{R_0 \alpha (\Delta T_{liquid} - \Delta T_{vapor})} \tag{5-48}$$

式中：ΔR、ΔT_{vapor} 和 ΔT_{liquid} 为测量值，其余均为已知常数。

设 ρ 和 α 为常数，在一定加热功率 Q 下，式（5-48）可以写成如下形式

$$L_2 = \frac{\Delta R}{R_0 \alpha (\Delta T_{liquid} - \Delta T_{vapor})} - \frac{L \Delta T_{vapor}}{\Delta T_{liquid} - \Delta T_{vapor}} = A + B \Delta R \tag{5-49}$$

其中

$$A = -\frac{L \Delta T_{vapor}}{\Delta T_{liquid} - \Delta T_{vapor}}$$

$$B = \frac{1}{R_0 \alpha (\Delta T_{liquid} - \Delta T_{vapor})}$$

式（5-49）为一直线方程，说明，水位高度 L_2 与热电阻值 ΔR 为线性关系。其阻值的变化即可反映水位高度的变化。

实际应用时，式（5-49）中的系数 A、B 由实验标定。为提高精度，计量公式（5-49）也可用多项式表达，例如二项式表达式为

$$L_2 = A + B\Delta R + C\Delta R^2$$

　　自热式差分式热电阻水位传感器与加热式差分式热电阻水位传感器的结构类似，测量原理相同，只是少了独立的加热丝，它靠热电阻丝自身的电阻加热，其优点是可以缩小铠装套管的直径，改善响应速度，也可减轻加工制造的难度；缺点是加热功率不能太大，否则会烧坏热电阻丝。

　　【例 5 - 9】　图 5 - 46 所示是加热式结构，设计量程为 0～2000mm，考虑边界影响后实际量程设为 0～1800mm，传感器在常温水 - 气环境下的实验结果，图示表明，在量程 0～1800mm内有良好的线性度，灵敏度 $K = 13\text{m}\Omega/\text{mm}$，数据是由 LabVIEW 处理的，图中 $y = L_2$，$x = \Delta R$。

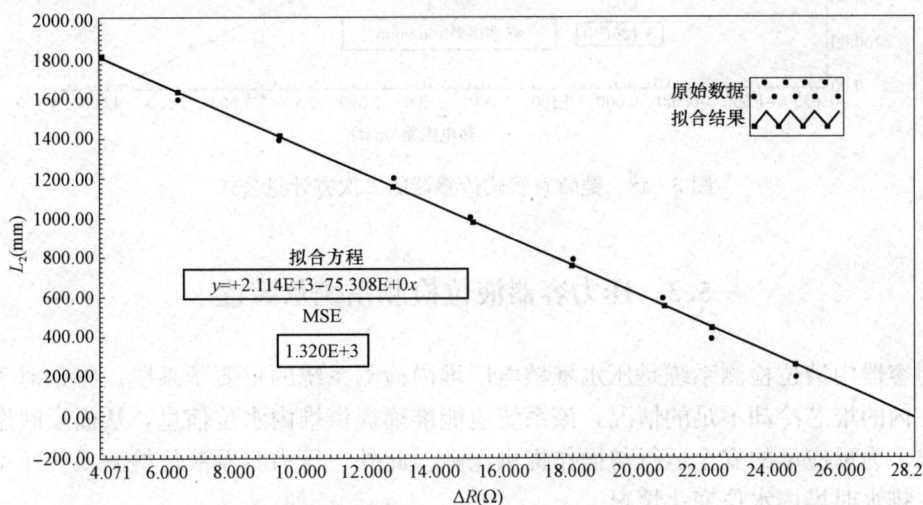

图 5 - 46　ΔR 随 L_2 的变化曲线（量程 1800mm）

　　【例 5 - 10】　图 5 - 47 和图 5 - 48 所示是自热式结构的线性和二次方的计量公式，灵敏度 $K = 7\text{m}\Omega/\text{mm}$。数据是用 LabVIEW 处理的，图中 $y = L_2$，$x = \Delta R$。从实验结果可以看出，计量公式的线性度较好，可满足要求。

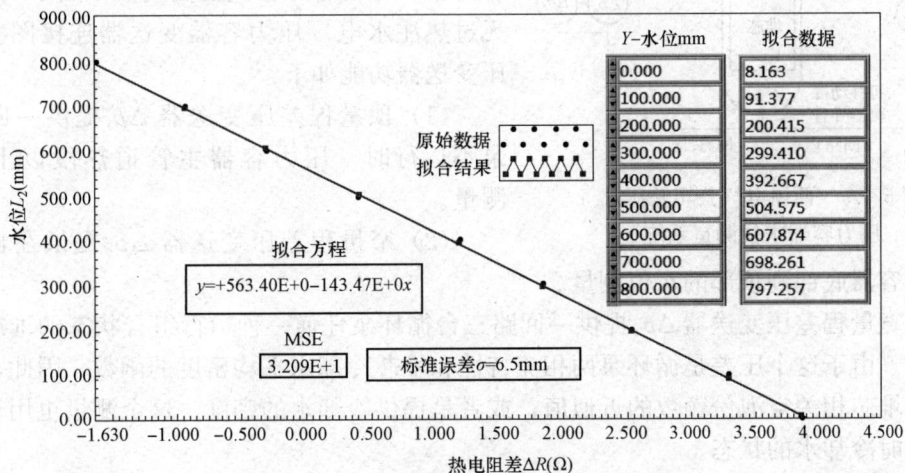

图 5 - 47　铠装直管式传感器的线性计量公式

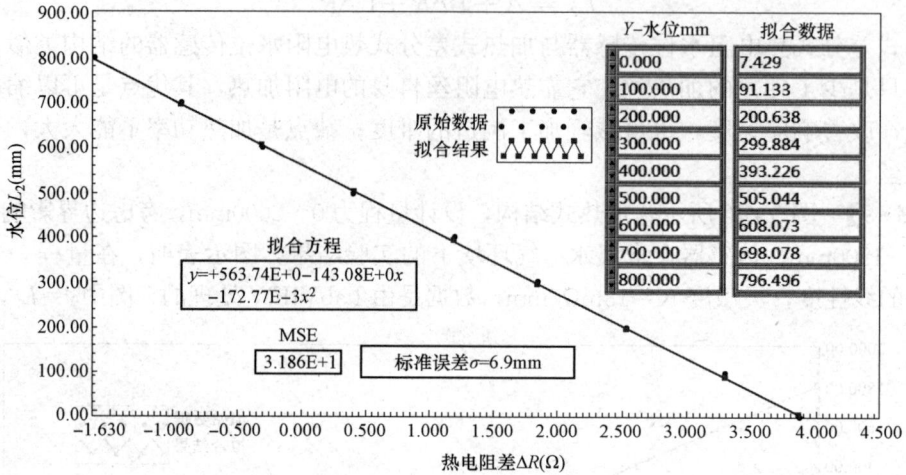

图 5 - 48　铠装直管式传感器的二次方计量公式

5.3　压力容器液位检测系统及装置

压力容器内液位检测系统是压水堆核电厂堆内检测系统的重要子系统。特别对于包括失水事故在内的堆芯冷却不足的情况，该系统应能准确提供堆内水位信息，从而反映燃料元件淹没情况，为反应堆的安全运行与操作提供保障。此外，压力容器液位检测系统还可以监测正常充、排水时堆内水位变化情况。

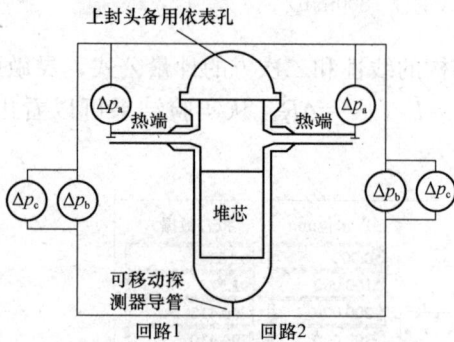

图 5 - 49　西屋电气公司差压式
压力容器水位测量系统

三里岛事故之后，美国西屋电气公司为了响应 NRC 的要求，对差压式压力容器水位测量系统进行了改进。西屋公司压水堆有两条一回路系统，统称为 A 系统和 B 系统。因此，水位测量系统也有两套，每套有三台差压变送器，图 5 - 49 所示是无过热注水电厂压力容器变送器连接图。每台差压变送器功能如下：

（1）顶量程差压变送器 Δp_a 提供一回路循环泵不运行时，压力容器主管道热段以上的水位测量。

（2）窄量程差压变送器 Δp_b 提供在自然循环中，压力容器底部到顶部的水位测量。

（3）宽量程差压变送器 Δp_c 提供一回路三台循环泵任何一种运行组合状态的堆芯内部压力降指示。由于这个压差是循环泵两相流特性和堆芯冷却水平均密度的函数，因此，用这个差压提供堆芯相关空泡份额数的近似值，或者是提供冷却水的密度。这个测量也用于连续测量大流量时冷却水的状态。

为了满足水位测量的精度要求，该系统采用引压管温度、压力容器冷却剂温度和压力容器压力补偿差压变送器输出的系统密度和参考端水密度。把差压变送器放置在压力容器隔离墙外面，以消除事故期间，因环境变化（如温度、压力、辐射）而降低测量精度。同时也为差压变送器的校验、更换、参考端的检查提供方便。

目前，国内新建的第三代压水堆核电技术基于更高的安全要求，放弃了需要在压力容器下封头上开孔的压差式液位测量方法。传统的工业液位计种类很多，如浮力式水位计、超声波水位计、电接点式水位计、电容和电感式水位计等，然而能够在具有高温、高压以及高辐照环境的反应堆压力容器内部，实现液位测量的传感器较少。基于热端加热式热电偶的热效应的液位传感器作为一种成熟技术，能够实现反应堆堆芯液位的定点测量，其结构简单，主要由电加热丝和热电偶组成，受环境影响较小，具有很高的可靠性，目前广泛被第三代压水堆核电技术所采用。

阿海珐和西门子公司研发的液位-温度-中子注量率（SPND）一体化探测器有三种结构形式，即集堆芯中子注量率、温度和压力容器内水位测量于一体、集温度和压力容器内水位测量于一体、集堆芯中子注量率和温度测量于一体，如图 5-50 所示。

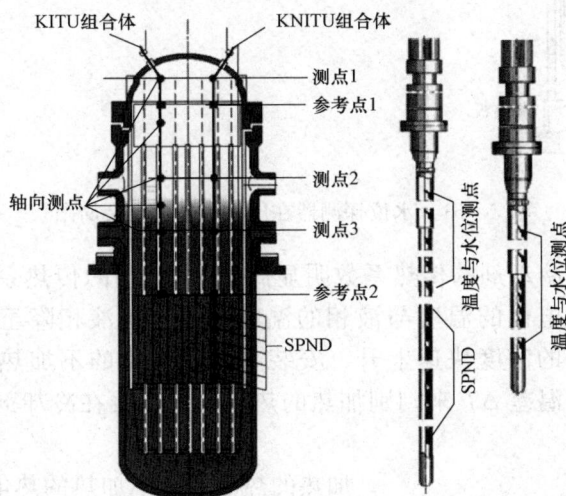

图 5-50　堆芯中子注量率、温度和压力容器内水位测量一体化探测器

这种探测器中的水位测量原理是，位于探测器管内的加热热电偶和不加热热电偶通过探测器内的导热块与探测器外的水冷却剂进行热交换，当加热的热电偶处的导热块处在水中时，与不加热热电偶之间的温差 ΔT 将小于或等于某一温差阈值；当加热的热电偶处的导热块处在汽中时，与不加热热电偶之间的温差 ΔT 将大于某一温差阈值。探测器的轴向测点分辨率为 $\pm 50mm$，响应时间小于 30s 或 20s。这种类型的组合式堆芯水位探测器已广泛应用于江苏省田湾核电站 VVER1000 型压水堆核电站上。

原西德卡威屋研发了一种称为加热和不加热热电阻液位探测器。这种液位测量方法1984 年在德国格拉芬莱因弗尔德（KKG）核电站上通过考验后，安装在菲利普斯堡（KKP）核电站上，运行情况良好。

探测器在压力容器内安装简图如图 5-51 所示，敏感元件 1、2 安装在冷却剂系统连接处，监测小破口失水事时压力容器内水位的变化，敏感元件 3、4 位于顶板的上下空间，监测该区域内汽泡产生状况。

先进的 EPR 核电站压力容器内水位探测器采用加热的热电偶和不加热的热电偶技术，

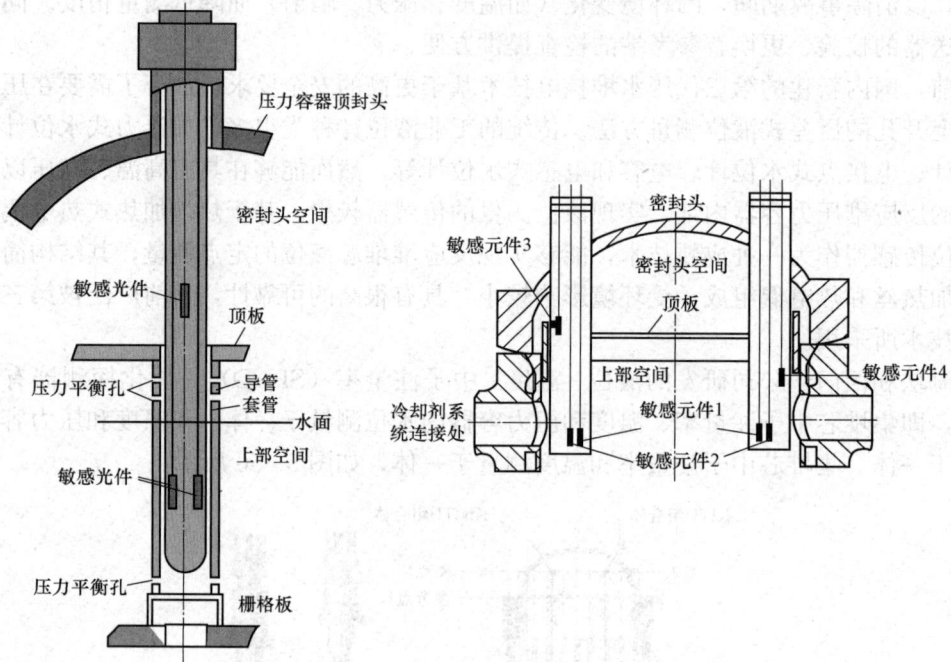

图 5-51　水位探测器在压力容器内安装简图

测量原理是，根据液相冷却剂的传热系数明显高于汽/气相的传热系数，当加热的热电偶在液相中时，加热的热电偶的温度与液相的温度相当，当液相降至加热的热电偶敏感区下方时，加热的热电偶的温度快速上升，安装在相同高度的不加热的热电偶用来测量环境温度，用两者之间的温差 ΔT 来判别加热的热电偶是否浸在冷却剂水中，依此确定水位的位置。

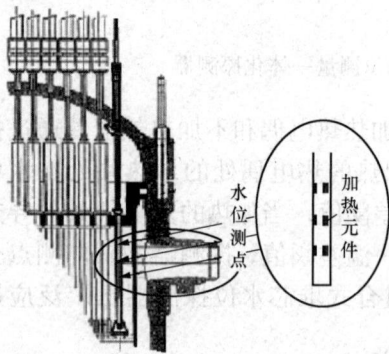

图 5-52　压力容器内加热式热电偶
液位探测器位置示意图

加热的热电偶和不加热的热电偶都是 K 型（镍铬-镍铝）铠装热电偶，矿物质绝缘材料，加热元件是 NiCr/Ni 丝，也是铠装的、矿物质材料绝缘。加热的热电偶和不加热的热电偶安装在不同管内，布置在同一高度，热电偶焊接在套管的内壁上，以精确定位和使与管的内壁接触良好。液位的测点布置在冷却剂出口的 THL、MHL 和 BHL 位置，如图 5-52 所示。

热式差分热电偶串水位传感器是日本原子能研究所为 BWR 研制的一种新颖的水位传感器（简称 BICOTH），图 5-53 所示的是日本 186MW 自然循环沸水堆压力容器内水（液）位监测，测量范围为 1100mm，由 A、B 两个系列组成，实际运行表明 BICOTH 性能良好。

我国华龙一号先进压水堆核电站也采用新的加热式热电偶测量方法直接测量压力容器内的水位，利用水和水蒸气传热性能存在的较大差别来判断汽水界面，从而实现离散的压力容器内关键水位的测量。图 5-54 所示为堆芯测量系统示意图。

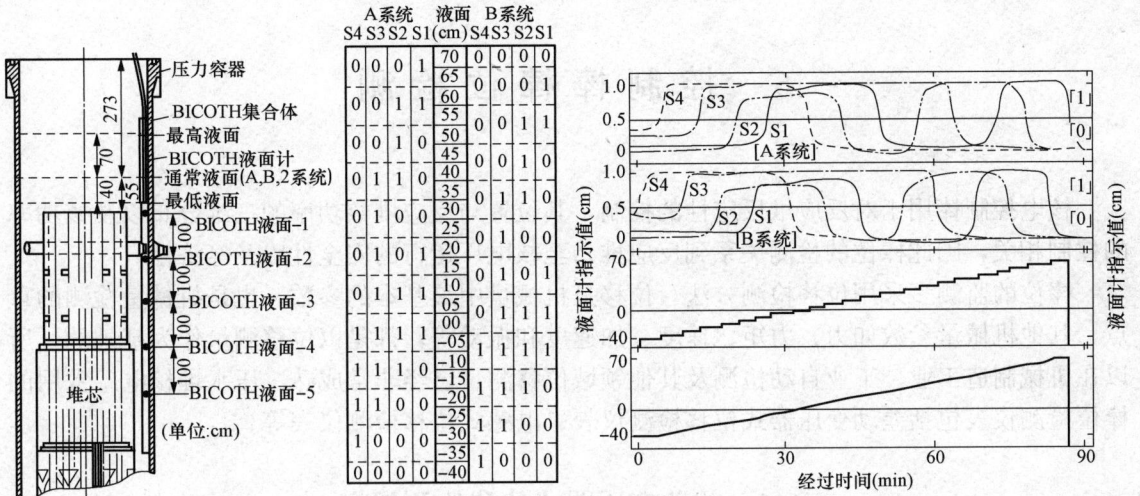

图 5-53 日本 186MW 自然循环沸水堆压力容器内水（液）位监测简图

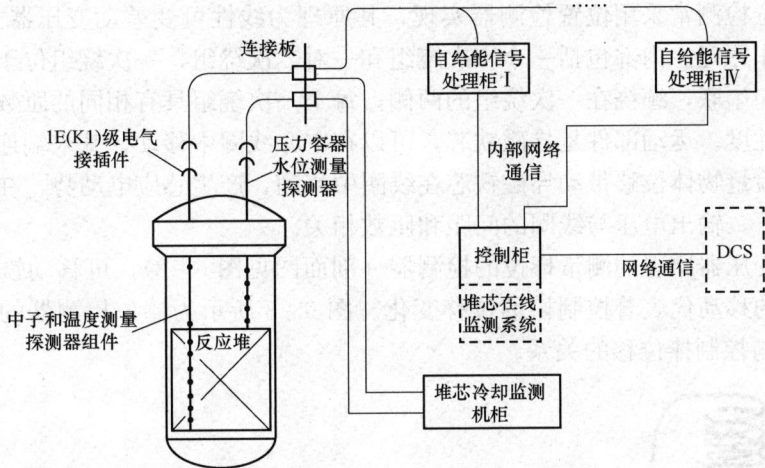

图 5-54 堆芯测量系统示意图

6 控制棒棒位检测

核电控制棒用于对反应堆反应性的控制，其位置与反应堆核功率的三维分布以及核功率的控制相关，因此棒位的检测关系到反应堆乃至核电厂运行的安全性以及经济性。

棒位的监测多采用位移检测方法，位移是机械量中最基本的参数，也是机械量检测的重点，其他机械量参数如力、力矩、速度、加速度和振动等，都是以位移测量作为基础的，所以在机械制造工业、工业自动检测及其他领域位移测量已经非常成熟。压水堆核电厂常用的棒位检测仪表包括差动变压器式位移检测仪表、电感式位移检测仪表等。

6.1 差动变压器式位移检测仪表

6.1.1 差动变压器式位移检测的基本原理

核电中棒位检测常采用位置检测器实现，其原理为线性可变差动变压器。图 6-1 所示为变压器的工作原理。内部包括一个一次绕组和一对二次绕组，一次绕组位于中间，二次绕组则沿相反方向串联，缠绕在一次绕组的两侧，每个一次绕组具有相同的匝数和长度，以免影响零度和线性度。运动部件是导磁铁芯，可以在空心线圈中移动，其末端连接到检测位移的物体上。被检量物体位移带动导磁铁芯在线圈中移动，产生感应电动势，在一次侧输入电压不变的情况下，输出电压与线圈的间距和匝数相关。

基于差动变压器原理的测量棒位的检测器（剖面图见图 6-2），可移动铁芯的末端与控制棒相连，它的移动代表着控制棒的位移变化。图 6-3 所示为棒位检测器的电路图，表示输出电压 U_{out} 与控制棒位移的关系。

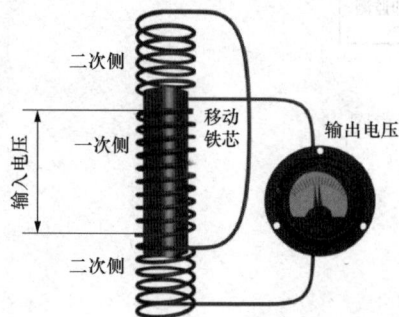

图 6-1 线性可变变压器的工作原理

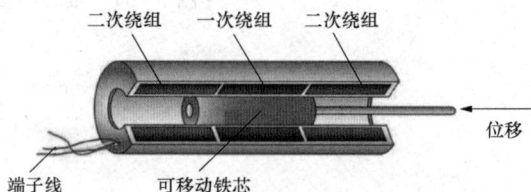

图 6-2 棒位检测器的剖面示意

运行时，在一次绕组上施加恒定的励磁电压，在两个相邻的一次绕组中感应出电动势，铁芯在不同的位置，二次绕组电势差不同，得出不同的感应电动势。棒位与感应电动势的呈线性关系（见图 6-4），线性关系的斜率与检测器线圈设计的间距和匝数相关。

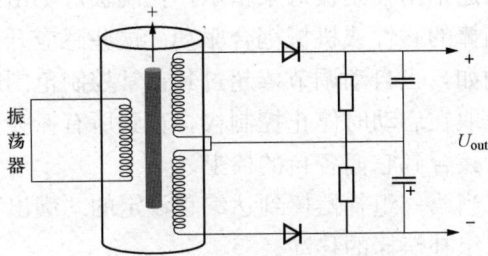

图 6-3 检测器的电路图

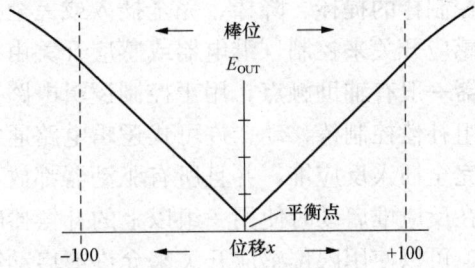

图 6-4 铁芯位置与感应电动势的关系图

改进输出信号的线性可变差动变压器（见图 6-5），形成了位移与 U_{out} 连续线性关系。

棒位检测器可以等效为三对电感及电阻逐个串联而成的电路，如图 6-6 所示。

根据基尔霍夫定律可以推出二次测电流

$$I_S = \frac{j\omega(M_1 - M_2)}{Z} \quad (6-1)$$

式中：M_1、M_2 分别为一次绕组与二次绕组 1、2 的互感。

则输出电压为

$$U_{out} = I_S R_L \quad (6-2)$$

式中：R_L 为负载电阻。

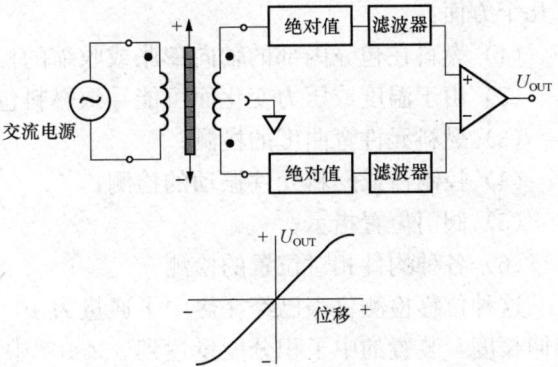

图 6-5 一种改进输出信号的线性可变差动变压器

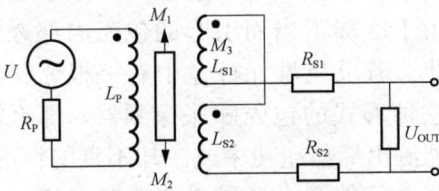

图 6-6 检测器等效电路图

设铁芯的位移为 S，当铁芯位于中心时，有 $M_1 = M_2 = M$，此时可设

$$\begin{cases} M_1 - M = kS_1 \\ M_2 - M = kS_2 \\ S = S_1 = -S_2 \end{cases} \quad (6-3)$$

式中：k 为检测器的结构特征参数。

又因为二次绕组 1 与 2 的互感 M_3 为定值，可以令两线圈串联的等效电感 L 为

$$L = L_{S1} + L_{S2} - 2M_3 \quad (6-4)$$

则铁芯位移 S 与输出电压 U_{out} 之间的关系可以表示为

$$U_{out} = \frac{2kVR_L}{j\omega[L_P(L_{S1}L) - (M_2 - M_1)^2] + R_{S1}(L_P + L + L_{S2})}S \quad (6-5)$$

式中：L_P、L_{S1}、L_{S2} 分别为一次侧绕组、二次侧绕组 1 和 2 的自感，可根据要求设置大小，其幅值反映出铁芯位移 S 与输出电压 U_{out} 的线性关系，即为棒位与输出电压的线性关系，见式（6-6）

$$S = \frac{2kVR_L}{\sqrt{\omega^2[L_P(L_{S1}L) - (M_2 - M_1)^2]^2 + R_{S1}^2(L_P + L + L_{S2})^2}}U_{out} \quad (6-6)$$

　　控制棒的提棒、降棒、完全插入或完全拔出通常由控制板灯来指示，控制板灯则由继电器或感应开关来控制，继电器或感应开关由控制棒的磁性或机械耦合驱动。这些感应开关或继电器一般有辅助触点，用于控制逻辑电路。例如，当自动调节棒超过其正常控制范围时启动一组补偿控制棒移动；许可式逻辑电路通常采取在启动时停止控制权，直到所有棒完全放下或完全插入反应堆，并且所有驱动器都放下并接合到它们各自的棒上。

　　在反应堆启动时使用一组以上的补偿棒时，当第一组补偿棒到达编程设定的"满出"位置时，可以使用限位感应开关来允许或启动第二组补偿棒的移动。

6.1.2　差动变压器式位移检测仪表的应用

　　除控制棒棒位的检测外，差动变压器位移检测仪表在反应堆和核电站中的应用还包括以下几个方面：

　　（1）燃料在包壳内部的轴向膨胀或收缩的检测；

　　（2）由于温度或压力变化而可能导致燃料包壳的轴向增长的检测；

　　（3）燃料元件弯曲度的检测；

　　（4）控制棒或燃料元件振动的检测；

　　（5）阀门位置指示；

　　（6）各种构件相对位置的检测。

　　这种位移检测仪表已经在热中子通量为 10^{13} 中子/（$cm^2 \cdot s$）的反应堆中用于检测燃料棒伸长度，装置的中子积分能量达到 5×10^{20} 中子/cm^2。差动变压器位移检测仪表已经成功地用于哈尔登沸腾重水反应堆，工作温度可以达到 $300 \sim 650$℃。

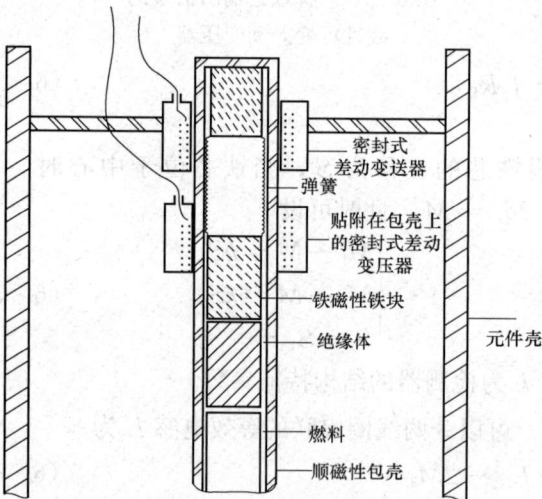

　　图6-7表示出两个差动变压器测量包壳内燃料的位移和包壳相对于元件盒的膨胀的装设方法。除了提供关于燃料棒长期工作特性的数据以外，这一测量方法也可检测由于冷却不当而引起的包壳内部燃料的熔化。若反应堆元件盒中有一根燃料棒装有这种形式的包壳膨胀探测器，那么就有可能测出局部超功率或冷却不良的情况，从而能在元件盒中的燃料棒普遍损坏以前及时停堆。

　　这种形式的探测器已经成功地应用于挪威的沸腾重水反应堆的元件盒中。

　　图6-8所示为一种用于局部热点检测的差动变压器，即采用一种专用的插入式耦合变压器代替联接差动变压器组件和引线的标准电气接头，这种结构便于燃料换料过程中的联接和拆卸操作。

图6-7　测量燃料和包壳伸长度的差动变压器

　　差动变压器式位移检测仪表已经用来测量研究过渡过程用的试验堆的许多瞬态试验中的燃料膨胀特性，在工作期间，中子能量的峰值曾超过 10^{15} 中子/（$cm^2 \cdot s$）。因此，若能对差动变压器进行适当的冷却，则这种仪表就能用于现有的任何反应堆的测量。

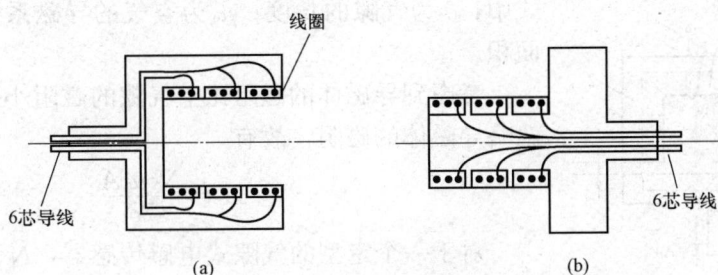

图 6 - 8　用于差动变压器的插入式耦合变压器示意
(a) 插座（密封式）；(b) 插销（密封式）

6.2　电感式位移检测仪表

这种仪表实质上就是一个带铁芯线圈的仪表，它的工作原理是基于机械量变化引起线圈回路磁阻的变化，从而导致电感量变化这一物理现象。

根据定义，线圈的电感为

$$L = \frac{N\phi}{I} \tag{6-7}$$

磁通为

$$\Phi_m = \frac{NI}{\sum_{i=1}^{n} R_{m_i}} \tag{6-8}$$

故有

$$\Phi_m = \frac{N^2}{\sum_{i=1}^{n} R_{m_i}} = \frac{N^2}{\sum_{i=1}^{n} \frac{l_i}{\mu_i A_i}} \tag{6-9}$$

$$R_{m_i} = \frac{l_i}{\mu_i A_i} \tag{6-10}$$

式中：L 为线圈电感；N 为线圈匝数；A_i 为各段导磁材料的截面积；Φ_m 为磁通；I 为电流；R_{m_i} 为第 i 段磁路的磁阻；μ_i 为第 i 段磁路导磁系数；l_i 心为第 i 段磁阻长度；n 为磁路的段数。

由式（6-9）可见，当线圈匝数不变时，介质导磁系数也不变，磁路的几何尺寸变化就会导致电感的变化，因此被测物理量引起磁路几何尺寸的变化，就引起了电感的变化。电感传感器有变间隙型、变面积型、螺管插铁型等三种类型。实际工作中应用得较多的变间隙电感传感器（又称为气隙式电感传感器）如图 6-9 所示，其工作原理是被测物理量使衔铁产生位移，使铁芯和衔铁间的间隙 δ 发生变化，从而引起了磁路几何尺寸的变化，因而使线圈中电感值 L 产生了变化，这样就使被测量（例如位移）转换为电感值，然后通过电感组成的电桥，输出一个与被测量相对应的电信号，将其输入显示仪表指示被测量。

由图 6-9 可见，若 δ 较小，且不考虑磁损，则磁路的总磁阻为

$$R_m = \sum_{i}^{n} \frac{l_i}{\mu_i A_i} + \frac{2\delta}{\mu_0 A} \tag{6-11}$$

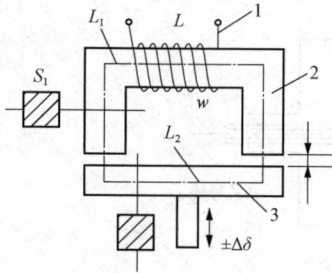

图 6-9 变间隙电感传感器原理图

1—线圈；2—铁芯；3—衔铁

式中：δ 为气隙的长度；μ_0 为空气的导磁系数；A 为气隙截面积。

考虑到导磁体的磁阻比空气隙的磁阻小得多，所以可以忽略导磁体的磁阻，故有

$$L = \frac{N^2 \mu_0 A}{2\delta} \tag{6-12}$$

对于一个定型的气隙式电感传感器，N、μ_0 和 A 均为常数，则有

$$\delta = \frac{C}{2L} \tag{6-13}$$

式中：C 为常数。

可见，气隙式电感传感器的电感量和气隙 δ 之间是单值的函数关系。

为了提高电感传感器的灵敏度，减少测量误差，实际工作中常常采用两个相同的传感器线圈共用一个活动衔铁，构成差动电感传感器，其工作原理如图 6-10 所示。

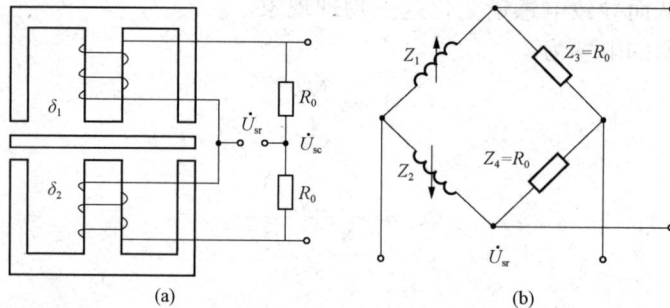

图 6-10 差动电感传感器原理

由图 6-10 可知，差动电感传感器的两个线圈一般接在交流电桥的两臂。在初始位置时，即衔铁处在中间位置时，$Z_1 = Z_2$，$Z_3 = Z_4$，是电桥的固定臂，且在工作过程中也始终保持不变。因而从理论上看电桥平衡，$U_{sc} = 0$。当被测物理量使衔铁偏离中间位置时，两个线圈电桥失去平衡，即输出与被测量对应的电信号。

6.3 电涡流式位移检测仪表

近年来，国内外正在发展一种建立在电涡流效应原理上的位移检测仪表，即电涡流式检测仪表。这种仪表可以实现非接触检测物体表面为金属导体的多种物理量，具有结构简单、频率响应范围宽、灵敏度高、测量线性范围大、抗干扰能力强、体积较小等特点。目前在测试技术等方面日益得到重视和应用。

电涡流式仪表可以检测位移、振动、厚度、转速、温度等参数，可以进行无损探伤，因而在测试技术中是一种有发展前途的仪表。

6.3.1 电涡流式位移检测的基本原理

电涡流式检测仪表利用电涡流效应，将一些非电量转换为阻抗的变化（或电感的变化或品质因数的变化），从而进行非电量的检测。

如图 6-11 所示，一个通有交变电流 i_1 的检测线圈由于电流的变化，在线圈周围产生一个交变磁场 H_1，如被测导体置于该磁场范围之内，被测导体内便产生电涡流 i_2，该电涡流也将产生一个新磁场 H_2，H_2 与 H_1 方向相反，因而抵消部分原磁场，从而导致线圈的电感量、阻抗和品质因数发生变化。

一般来说，检测仪表线圈的阻抗、电感和品质因数的变化与导体的几何形状、导电率 ρ、磁导率 μ 有关；也与线圈的几何参数、电流的频率 f 以及线圈到被测导体间距离 x 有关。传感器线圈受电涡流影响的等效阻抗为 $Z=F$（ρ、μ、r、f、x）（其中 r 为圈与被测导体的尺寸因子），如果控制上述参数中一个参数改变，其余皆不变，就可以构成测量位移、温度等各种检测仪表。

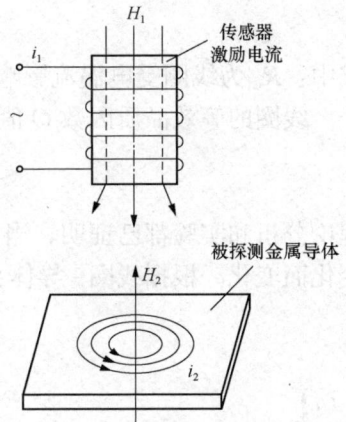

图 6-11　电涡流型检测
仪表原理示意

为得到电涡流式仪表的基本特性，将电涡流传感器简化模型如图 6-12 所示。模型中把在被测金属导体上形成的电涡流等效成一个短路环，即假设电涡流仅分布在环体之内，模型中 h 为

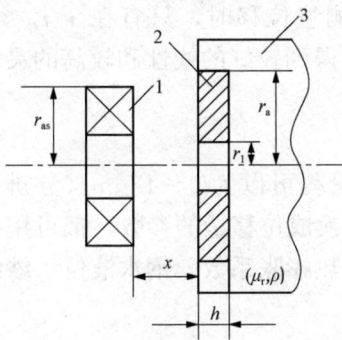

图 6-12　电涡流传感器简化模型
1—传感器线圈；2—短路环；
3—被测金属导体
注：r_a 为短路环等效外半径；r_i 为短路环等效内半径；r_{as} 为传感器线圈外半径。

$$h = \left(\frac{\rho}{\pi\mu_0\mu_r f}\right)^{1/2} \tag{6-14}$$

式中：h 为电涡流的贯穿深度（cm）；f 为线圈激磁电流的频率；ρ 为被测导体的电阻率；μ_r 为被测导体的相对磁导率。

根据简化模型，可画出如图 6-13 所示的等效电路图，图中 R_2 为电涡流短路环等效电阻，其表达式为

$$R_2 = \frac{2\pi\rho}{hIn\dfrac{r_a}{r_i}} \tag{6-15}$$

根据基尔霍夫第二定律，可列出如下方程

$$R_1\dot{I}_1 + j\omega L_1\dot{I}_1 - j\omega M\dot{I}_2 = \dot{U}_1 \tag{6-16}$$

$$-j\omega M\dot{I}_1 + R_2\dot{I}_2 + j\omega L_2\dot{I}_2 = 0 \tag{6-17}$$

式中：ω 为线圈激磁电流角频率；R_1、L_1 分别为线圈电阻和电感；L_2 为短路环等效电感；R_2 为短路环等效电阻。

由式（6-16）和式（6-17）解得等效阻抗 Z 的表达式为

$$Z = \frac{\dot{U}_1}{\dot{I}_1} = R_1 + \frac{\omega^2 M^2}{R_2^2 + (\omega L_2)^2}R_2 +$$

$$j\omega\left[L_1 - \frac{\omega^2 M^2}{R_2^2 + (\omega L_2)^2}\right] = R_{eq} + j\omega L_{eq} \tag{6-18}$$

其中

$$R_{eq} = R_1 + \frac{\omega^2 M^2}{R_2^2 + (\omega L_2)^2}R_2 \tag{6-19}$$

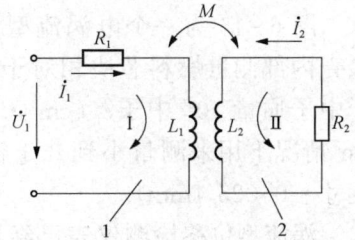

图 6-13　电涡流传感器等效电路
1—传感器线圈；2—电涡流短路环

$$L_{eq} = L_1 - \frac{\omega^2 M^2}{R_2^2 + (\omega L_2)^2} L_2 \qquad (6-20)$$

式中：R_{eq} 为线圈受电涡流影响后的等效电阻；L_{eq} 为线圈受电涡流影响后的等效电感。

线圈的等效品质因数 Q 值为

$$Q = \frac{\omega L_{eq}}{R_{eq}} \qquad (6-21)$$

理论分析和实验都已证明，当 x 改变时，电涡流密度发生变化，即电涡流强度随距离 x 的变化而变化。根据线圈 - 导体系统的电磁作用，可以得到金属导体表面的电涡流强度为

$$I_2 = I_1 \left[\frac{1-x}{(x^2 + r_{as}^2)^{1/2}} \right] \qquad (6-22)$$

式中：I_1 为线圈激励电流；I_2 为金属导体中等效电流；x 为线圈到金属导体表面距离；r_{as} 为线圈外径。

根据式（6-22）作出的归一化曲线如图 6-14 所示。

以上分析表明：

（1）电涡流强度与距离 x 呈非线性关系，且随着为 x/r_{as} 的增加而迅速减小。

（2）当利用电涡流式传感器测量位移时，只有在 $x/r_{as} \ll 1$（一般取 $0.05 \sim 0.15$）的范围才能得到较好的线性和较高的灵敏度。

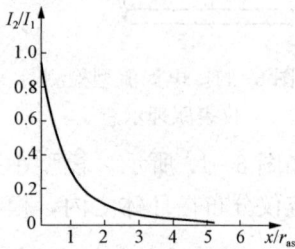

图 6-14　电涡流强度与距离归一化曲线图

6.3.2　电涡流型位移检测仪表应用

电涡流型位移检测仪表可以测量金属零件的动态位移，量程可以为 $0 \sim 15 \mu m$（分辨率为 $0.05 \mu m$），或 $(0 \sim 500)$ mm（分辨率为 0.1%）。凡是可变换成位移量的参数，都可用电涡流型检测仪表测量，如汽轮机主轴的轴向窜动、金属材料的热膨胀系数、钢水液位、纱线张力、流体压力等。

在满足量程要求的前提下，总希望仪表有尽可能高的灵敏度。因此必须从以下几个方面注意提高仪表灵敏度：

（1）线圈在满足量程要求的前提下，尽可能小；

（2）线圈薄时，灵敏度高；

（3）减少线圈电阻，提高线圈的品质因数，尽可能选用电阻系数小的导线。

图 6-15 为一个电涡流型位移检测仪表安装于燃料棒包壳内部测量燃料芯块相对于包壳运动的情况。它可应用于中子通量 10^{16} 中子/（$cm^2 \cdot s$）和积分通量达 10^{16} 中子/cm^2 情况下用来测量小到 0.1 密耳的位移（1 密耳＝0.001 英寸＝0.025 4 mm）。

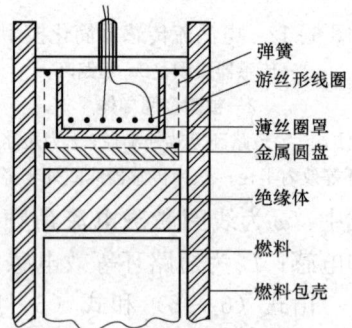

图 6-15　测量燃料伸长度的电涡流型位移检测仪表示意

涡流型位移检测仪表已经用于脉冲堆中，在 2.3×10^{17} 裂变脉冲和 300℃ 的堆芯表面峰值温度下，用于测量振动和位移。这种仪表包含一个工作线圈和一个参考线圈，用于消除辐射和加热的影响。

6.4 棒位检测系统

6.4.1 控制棒棒位的探测器

控制棒位置探测器主要有以下三种形式：

（1）可变变压器型。可变变压器型是一种线性变换器，它安装在棒驱动机构承压外罩的外边并与之同心。在控制棒的全行程范围内均匀地绕有初、次级线圈，而驱动棒是作为变压器的可移动铁芯。初级线圈通以 220V 交流电流（50Hz），次级线圈作为控制棒位置探测线圈。当控制棒移动时，可改变初级和次级线圈之间的磁耦合强度，导致次级线圈的感应电势随控制棒的位置正比变化。当控制棒全部插入堆芯时，初级和次级线圈之间的磁耦合是微小的，因此，输出信号很小；当控制棒抽出堆芯时，初级和次级线圈之间的磁耦合增加，因此，输出信号变大，且信号大小与实际控制棒位置成正比。这种方法的测量精度为 ±5%。

（2）舌簧开关型。舌簧开关型由装在保护套管内的一系列舌簧开关和精密电阻网络组成。控制棒移动时装在驱动棒上端的永久磁铁接近某一舌簧开关时，该舌簧开关即闭合，分压网络便输出与控制棒位置成正比的模拟电压。这种方法的测量精度为 ±2.5%。

（3）差分变压器型。差分变压器型是普遍用于大型压水堆上的控制棒位置指示系统的葛莱（GRAY）码探测方法。

差分变压器型控制棒位置探测器基本工作原理如图 6-16 所示。初级线圈通以 220V 交流电流（50Hz），次级线圈是分别安装在不同位置的一组线圈。当驱动棒通过某个次级线圈时，磁通变强，在次级线圈上的感应电势变高。若将相邻两个次级线圈反向相接，即电势相减，形成电流脉冲，再经过整形成为逻辑信号，表明驱动棒的顶部在两个线圈中能获得"1"状态，反之为"0"状态。根据这个原理，将 31 个次级线圈按图 6-17 所示的方式差分连接，这些次级线圈产生的信号为数字形式。当驱动棒通过某个次级线圈时，该次级线圈产生的信号为"1"，反之为"0"。将这 31 个线圈的输出信号组合起来形成 5 个数码通道（A、B、C、D、E）。能够得到二进制的控制棒位置测量葛莱码数值信号。当驱动棒的端头位于两个探测线圈之间时，葛莱码提供一个位置信号。对应于 30 个间隔共有 30 个位置测点。所对应的葛莱码真值表如表 6-1 所示。按规定两探测线圈之间

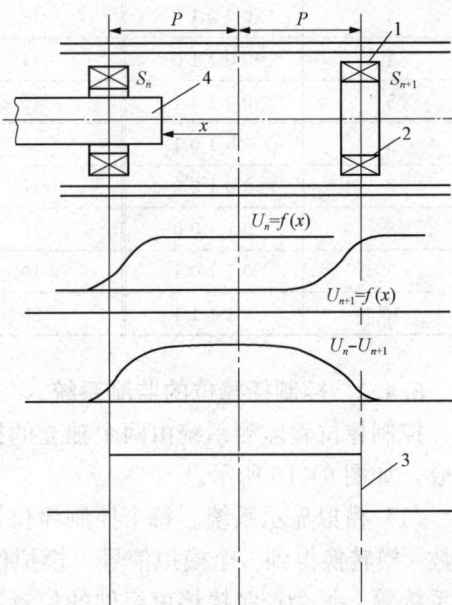

图 6-16 控制棒位置探测器原理图
1—次级线圈；2—初级线圈；
3—逻辑信号；4—驱动棒

间隔 127mm，棒移动一步的行程是 15.875mm。因此，每个间隔是 8 步，每个位置的测量精度为 4 步。测量范围内控制棒的移动是 240 步（8 步×30＝240 步）。在棒驱动机构操作系统模拟盘上集中了 53 个控制棒位置显示装置，每个装置有 30 个发光二极管显示控制棒的 30 个位置。

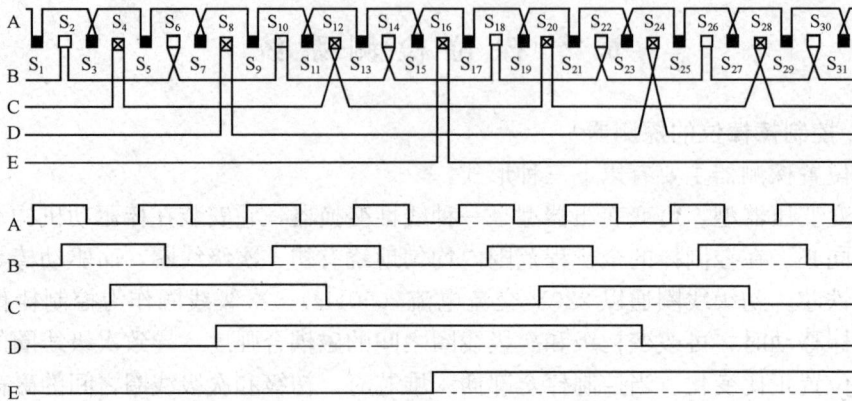

图 6-17　传感器次级线圈与葛莱码

表 6-1　　　　　　　　　　　　　　　葛莱码真值表

棒位	葛莱码 E D C B A	棒位	葛莱码 E D C B A	棒位	葛莱码 E D C B A
1	0 0 0 0 1	11	0 1 1 1 0	21	1 1 1 1 1
2	0 0 0 1 1	12	0 1 0 1 0	22	1 1 1 0 1
3	0 0 0 1 0	13	0 1 0 1 1	23	1 1 1 0 0
4	0 0 1 1 0	14	0 1 0 0 1	24	1 0 1 0 0
5	0 0 1 1 1	15	0 1 0 0 0	25	1 0 1 0 1
6	0 0 1 0 1	16	1 1 0 0 0	26	1 0 1 1 1
7	0 0 1 0 0	17	1 1 0 0 1	27	1 0 1 1 0
8	0 1 1 0 0	18	1 1 0 1 1	28	1 0 0 1 0
9	0 1 1 0 1	19	1 1 0 1 0	29	1 0 0 1 1
10	0 1 1 1 1	20	1 1 1 1 0	30	1 0 0 0 1

6.4.2　控制棒棒位的监测系统

控制棒位置监测系统由两个独立的控制棒位置模拟显示系统和控制棒位置数字显示系统组成，如图 6-18 所示。

（1）模拟显示系统。每个控制棒位置探测器测量到的对应控制棒位置的葛莱码，经整形和数 - 模转换得到一个模拟信号。模拟信号用于控制棒位置显示、产生闭锁信号和送往计算机系统等。每个控制棒棒束组件的位置都有单独的仪表指示（共 53 个），运行人员可以连续地直接读出控制棒位置而不需要用选择或切换的方法来显示控制棒的位置。

（2）数字显示系统。是对控制棒驱动机构逻辑控制装置中产生的步进脉冲进行计数，并以数字形式显示控制棒棒束组件的位置，还经过数 - 模转换器，变换为模拟信号。

（3）控制棒上、下极限位置监测。在葛莱码探测器的上、下端点各设置一个与其他不相连的独立线圈，作为每个控制棒极限位置探测器。

模拟显示系统和数字显示系统是相互独立的系统，互为监督，运行程序要求核电厂运行操作人员在判别其明显的故障时，应比较模拟显示系统与数字显示系统读数。由模拟显示系

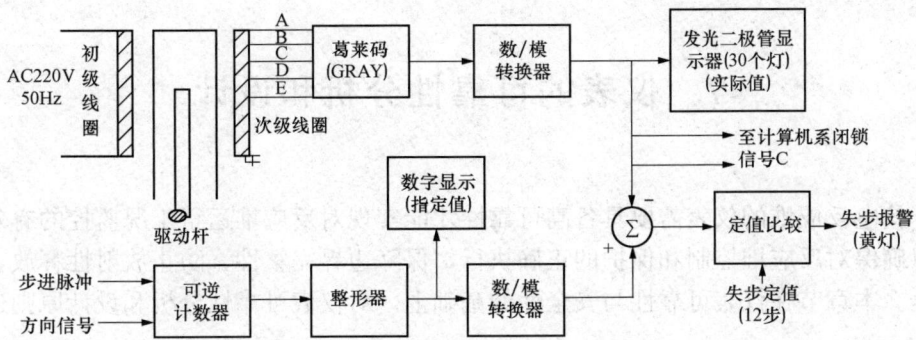

图 6 - 18 控制棒位置监测系统

统给出的是控制棒的测量位置或实际位置，由数字显示系统给出的是根据要求应该具有的位置即"指定位置"或"理论位置"。当两者出现不一致且相差超过 12 步时，称为控制棒失步，发出控制棒失步报警信号。

此外，控制棒位置监测系统还在最后提升的一组棒束组件提升到极限位置后产生一个闭锁信号 C_{11}，它将闭锁所有控制棒棒束组件的自动提升。

7 仪表的可靠性分析和设计

用于核电反应堆的仪表需要具备高可靠性才能实现对反应堆运行工况监控的有效性和准确性，以确保对反应堆控制和保护的正确执行，保障边界完整性，防止放射性释放，保证反应堆安全。本章节在仪表可靠性与安全性的基础上，对仪表可靠性分析和设计原则进行技术探讨。

7.1 仪表可靠性与安全性

反应堆仪表的正常安全工作可采用仪表的可靠性指标与安全性指标同时加以评估。

可靠性指标一般有失效模式、可靠度、可用率以及 MTTF 等指标用于反映仪表的正常工作，而失效率（PED）、风险降低因子（RRF）、安全可用率、平均危险故障前时间（MTTFD）则为表征仪表安全性的指标。

7.1.1 可靠性评价指标

在统计学中，"随机变量"一词是众所周知的，是独立变量，也是人们所关心的变量，通常取随机变量的样本来对该变量进行统计计算，以便知道如何预测系统未来的行为。在可靠性工程中，主要的随机变量是失效前时间或失效时间，通过收集关于失效时间和失效性质的数据来预测系统未来的性能。

表 7 - 1 记录了 10 个元件的失效前时间（即实验寿命），根据表中数据可以计算出样本的平均失效前时间。对于该实验而言，样本的平均失效前时间（MTBF）3248h，该实验结果提供了类似模件未来性能方面的信息，可靠度、可用率等术语用于描述被预测系统的性能，为可靠性工程的开展提供所需要的各种信息。

表 7 - 1 　　　　　　　　　　　　10 个模件的寿命试验结果

模件	失效前时间（h）	模件	失效前时间（h）
1	2327	6	3842
2	4016	7	3154
3	4521	8	2017
4	3176	9	5143
5	70	10	4215

1. 可靠性

可靠性是指系统在设计技术规范之内能够完成预定功能的概率，对于仪表来说，可靠性就是仪表在规定条件和规定时间完成规定功能的能力，该定义包含以下四个要点：

（1）必须预先知晓各类仪表的预定功能；

（2）必须判断什么时候需要仪表来完成其功能；

（3）必须确定满意的性能是什么；

（4）必须明确所规定的设计技术规范。

在数学上，可靠性有着严格的定义：在 $0\sim t$ 时间内，设备正常工作的概率，用随机变量 T 可将该定义表示为

$$R(t) = P(\tau > t) \tag{7-1}$$

即可靠性等于系统运行时失效时间大于 t 的概率。

假如在 $t=0$ 时，将一个刚制作出来并成功通过测试的仪表投入运行，随着时间的增加，能保持正常工作的仪表必然会逐渐减少，故时间趋近于无穷时，正常工作的概率就趋近于零，因此，可靠性函数起始于概率为 1 的点，终止于概率为零的点。

可靠度是工作时间的函数，是表示系统可靠性大小的指标，比如"系统可靠度是 0.95"的说法是没有意义的，因为不知道时间间隔是多少，正确的说法应该是"在工作了 100h 之后可靠度是 0.98"。

可靠度是一个相对比较严格的指标，多用于核工业、航空航天等一些不可维修的情况下，在这些情况下，系统必须无失效地连续工作，工业系统通常可维修，对于这些可维修系统，人们更关心的指标是可用率或 MTTF。

2. 不可靠度

不可靠度是系统不能正常工作的指标，其含义是：在 $0\sim t$ 的时间间隔内，设备失效的概率，表示为

$$F(t) = P(\tau \leqslant t) \tag{7-2}$$

即不可靠度等于失效时间小于或等于工作时间的概率。由于仪表等元件都只有正常和失效两种状态，所以 $F(t)$ 是 $R(t)$ 的补，即

$$F(t) = 1 - R(t) \tag{7-3}$$

$F(t)$ 是一个累积分布函数，与 $R(t)$ 相反，它起始于 0 而终止于 1。

3. 失效率

在运行时间中的任何一段时间里，发生失效的概率由概率密度函数给出。概率密度函数的定义如下

$$f(t) = \frac{\mathrm{d}F(t)}{\mathrm{d}t} \tag{7-4}$$

概率密度函数在数学上可通过随机变量 τ 导出，即

$$\lim_{\Delta t \to 0} P(t < T \leqslant t + \Delta t) \tag{7-5}$$

该定义可以理解为：失效时间 τ 发生在工作时间 t 和 $t + \Delta t$ 之间的概率。失效概率密度函数可用来计算任何时间段的失效概率，比如，仪表设备在工作时间为 2000～2200h 之间的失效率为

$$P(2000, 2200) = \int_{2000}^{2200} f(t) \mathrm{d}t \tag{7-6}$$

4. 平均故障前时间

平均故障前时间（MTTF）是最广泛使用的可靠性参数之一，它常被误认为是质保最小寿命。根据表 7-1，采用求平均值的方法可求出其 MTTF 为 3248h，表 7-1 中有一个模件仅用了 70h 就发生了故障。

MTTF 只是一个期望的故障时间，它是按照期望的统计定义值定义的，该指标的计算

公式为

$$E(t) = \int_0^{+\infty} tf(t)\mathrm{d}t \tag{7-7}$$

已知随机变量故障时间为 t，概率密度函数为

$$f(t) = -\frac{\mathrm{d}[R(t)]}{\mathrm{d}t} \tag{7-8}$$

将概率密度函数（7-8）代入 MTTF 的计算公式（7-7）得

$$E(t) = -\int_0^{+\infty} t\mathrm{d}[R(t)] \tag{7-9}$$

采用分步积分法

$$E(\tau) = [-tR(t)]_0^\infty - [-\int_0^{+\infty} R(t)\mathrm{d}t] \tag{7-10}$$

式（7-10）中前一项为 0，仅保留后一项，即

$$\mathrm{MTTF} = E(\tau) = \int_0^{+\infty} R(t)\mathrm{d}t \tag{7-11}$$

因此，在可靠性理论中，MTTF 的定义是可靠度函数的无穷积分。注意：MTTF 的定义并没有提及失效率的倒数。根据定义

$$\mathrm{MTTF} \neq \frac{1}{\lambda} \tag{7-12}$$

注意：$\mathrm{MTTF} = \dfrac{1}{\lambda}$ 只有当一个元件的失效率或者系列元件的失效率全部为常数时才成立。

5. 平均故障修复时间（MTTR）

MTTR 是随机变量修复时间的期望值，而不是故障时间的期望值。该定义包括检测故障发生所需要的时间以及检测和判断故障之后所需要维修的时间。与 MTTF 一样，MTTR 也是一个平均时间，只用于可维修系统。MTTF 代表从正常运行到不正常运行所经历的时间，MTTR 表示由不正常运行到正常运行所经历的时间。平均停机时间（MDT）是另一个常用的术语，定义等同于 MTTR。

6. 平均故障间隔时间（MTBF）

MTBF 是一个仅用于可维修系统的术语，与 MTTF 和 MTTR 一样，也是一个平均值，表示两次故障之间的时间，同时，这意味着一个部件如果出现了故障，那么它就要修复，在数学上

$$\mathrm{MTBF} = \mathrm{MTTF} + \mathrm{MTTR} \tag{7-13}$$

MTBF 这一术语常被误用，由于 MTTR≪MTTF，因而 MTBF≈MTTF，而后者既可应用于可维修系统，也可应用于不可维修系统。

7. 瞬时失效率

瞬时失效率，可靠性工程师经常称其为"危险率"，通常用来反映一批受测元件单位时间内的失效数

$$\lambda(t) = 单位时间内的失效数 / 受测元件总数 \tag{7-14}$$

失效率的单位是时间的倒数，实际上经常使用的是"每 10^9 h 的失效数"。这个失效率

单位被称为 FIT。例如，一个集成电路每 10^9 h 出现了 7 次失效，即失效率是 7FIT。

失效率函数与其他的可靠性函数有关，可表示为

$$\lambda(t) = \frac{f(t)}{R(t)} \tag{7-15}$$

如果取 50 个模件做寿命试验，当任何一个模件失效时就把时间记录下来，而在极其恶劣的情况下可以加速失效的发生。每周检查有多少模件失效，就可以表现出失效数下降的百分比、失效数增加的百分比和失效数不变的百分比。

观察表 7-2 中的加速寿命实验的失效数统计可以看出，在最初几周，失效数减少，后来的很多周内，失效数基本保持不变，后期，失效数再度上升。失效率等于失效数除以每一周内的模件-小时数（正常的模件数乘以时间），可以看出，失效率先是下降，然后基本上保持常数，最后再度增加，其值的变化与应力的变化和应力随时间的衰减有关。

表 7-2   **寿 命 试 验 数 据**

周数	本周开始时能够正常工作的模件数	失效模件数	失效率
1	50	9	0.0011
2	41	5	0.0007
3	36	3	0.0005
4	33	2	0.0004
5	31	2	0.0004
6	29	1	0.0002
7	28	2	0.0004
8	26	1	0.0002
9	25	1	0.0002
10	24	0	0.0000
11	24	2	0.0005
12	22	1	0.0002
13	21	1	0.0003
14	20	0	0.0000
15	20	1	0.0003
16	19	0	0.0000
17	19	1	0.0003
18	18	1	0.0003
19	17	0	0.0000
20	17	1	0.0003
21	16	1	0.0004
22	15	0	0.0000
23	15	1	0.0004
24	14	0	0.0000

周数	本周开始时能够正常工作的模件数	失效模件数	失效率
25	14	1	0.0004
26	13	0	0.0000
27	13	0	0.0005
28	12	0	0.0000
29	12	1	0.0005
30	11	0	0.0000
31	11	1	0.0005
32	10	1	0.0006
33	9	1	0.0007
34	8	1	0.0007
35	7	1	0.0008
36	6	1	0.0010
37	5	2	0.0024
38	3	3	0.0059

　　失效率的下降是一个"失效消除的过程"。如一批模件，其中有一些模件存在制造缺陷，将这些模件全部进行强化寿命实验。由于制造缺陷减小了模件的强度，因此，有缺陷的模件将会在一个较短的时间内发生故障。故障模件会从实验中剔除，过一段时间后，这批模件中就没有存在制造缺陷的模件了，此时，因制造缺陷引起的失效率就会下降到0。

　　如果一批模件中的失效应力源于环境，那么应力就近似为常数，大量的模件失效率就接近于常数。应力有许多种形式，它们的出现是随机的，频度也是随机的。在某些情况下，产生应力的原因是确定的，然而，在大多数情况下，造成失效的特定的应力事件并不能被理解或记录下来，它们是随机出现的。

　　某些元件是消耗性资源，当资源耗尽时，元件就磨损了，如电池和电机的轴承。电池中发生的是化学磨损，而电机轴承中发生的是机械磨损，随着功能的使用，在这两种元件中发生了磨损；而另外一些元件的磨损机理是与使用无关的，如电解电容内部的电解液会发生蒸发，不管元件是否使用，这种化学磨损过程都会发生。

　　元件的磨损速率是不同的。电机的转速是按照同样的速率磨损的，则所有的电机都会在同一时刻发生故障，由于元件并没有按照同一速率磨损，它们就不会在同一时刻发生故障。然而，随着一组元件接近磨损，失效率就会增加。

　　磨损的过程可以被认为是一个强度逐渐衰减的过程，强度最终会衰减到正常工作要求的值以下，强度的衰减以另一种方式发生。某些失效是由反复出现的应力所导致的，每一个应力事件都会降低元件的强度，而且任何强度的下降过程都将导致失效率的增加。

　　一开始制造出来的模件，其强度将会随着时间而改变，而且将以不同的速率改变，这些不同的失效源引起的失效率叠加在一起时，就形成了浴盆曲线（见图7-1）。

　　在生命周期的开始，这组模件的失效率会下降，当制造缺陷被剔除以后，失效率就会稳

定，如果模块的设计缺陷很少，且强度很高，
这个阶段的失效率就会很低，随着模块物理资
源的消耗或其他强度降低情况的发生，就形成
了图 7-1 中右侧所示曲线。

图 7-1 浴盆曲线

有许多种不同的浴盆曲线，如在一些情况
下不存在磨损区；某些模块几乎没有制造缺陷，
那么在制造测试过程中就检测不到这些缺陷；
因而，这些模块没有失效率下降区。

另一种是被称为"滑道曲线"的失效率曲
线，在一组模块中会出现几种不同的制造缺陷，
这些制造缺陷会在不同的时间里导致失效的发生。许多缺陷通过检查或实验消除了，因此，
失效率曲线看起来就像滑道一样。

在可靠性工程领域，概率密度函数是指数式的，其分布如下

$$f(t) = \lambda e^{-\lambda t} \tag{7-16}$$

对式（7-16）积分可得

$$F(t) = 1 - e^{-\lambda t} \tag{7-17}$$

而

$$R(t) = e^{-\lambda t} \tag{7-18}$$

失效率为

$$\lambda(t) = \frac{f(t)}{R(t)} = \frac{\lambda e^{-\lambda t}}{e^{-\lambda t}} = \lambda \tag{7-19}$$

也就是说，如果一组模块具有指数衰减规律的失效概率，那么其失效率就是常数。常数失效
率是很多产品的特性，还有一些产品呈现出衰减的失效率，在这种情况下，常数失效率代表
了最坏的情况。

具有指数分布的概率密度函数的元件，其 MTTF 可以由 MTTF 的定义推出

$$\mathrm{MTTF} = \int_0^{+\infty} R(t)\,\mathrm{d}t \tag{7-20}$$

代入指数形式的可靠度函数

$$\mathrm{MTTF} = \int_0^{+\infty} e^{-\lambda t}\,\mathrm{d}t \tag{7-21}$$

积分得

$$\mathrm{MTTF} = -\frac{1}{\lambda}\left[e^{-\lambda t}\right]_0^{\infty} \tag{7-22}$$

当 $t = \infty$ 时，指数式部分的值为 0，而 $t = 0$ 时它的值为 1，代入式（7-22），得到

$$\mathrm{MTTF} = -\frac{1}{\lambda}(0-1) = \frac{1}{\lambda} \tag{7-23}$$

式（7-23）适用于具有指数式概率密度函数的单个元件，或者是由这样一些元件所构成的
系统。

8. 可用率

可靠度和可用率是不同的。可用率是在任何一个时刻，系统正常工作的可能性，表达了

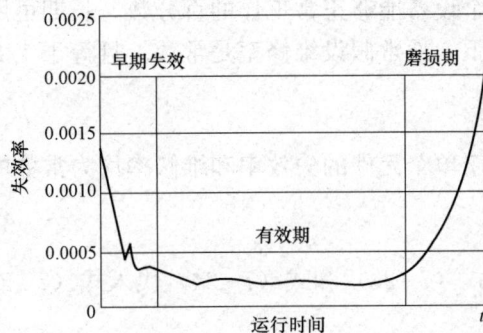

一个设备能够正常工作的百分数。长期可用率（稳态可用率）是一个理想的指标，在长期条件下，通常假设维修率是常数，且等于 1/MTTR，维修率公式如下

$$\mu = \frac{1}{\text{MTTR}} \qquad\qquad (7-24)$$

对于单个元件的失效率和维修率均为常数的仪表系统，可用率为

$$A = \frac{\mu}{\lambda + \mu} \qquad\qquad (7-25)$$

将式（7-23）和式（7-24）代入式（7-25）得

$$A = \frac{\text{MTTF}}{\text{MTTF} + \text{MTTR}} \qquad\qquad (7-26)$$

式（7-26）一个可以常用的可用率计算公式，是以单个元件的失效率和维修率均为常数为前提的，它可以用于串联系统，但不能应用于许多其他类型的系统，比如并联系统。

可靠度是要求系统在整个时间间隔上正常工作的一个指标，不允许失效和维护。对于知道可维修系统能够正常工作的可能性的工程师来说，这个指标是远远不够的，还需要另一个表征系统正常工作特性的指标，即可用率。

可用率的定义是一个设备在时刻 t 能够正常工作的概率，它不包含时间间隔，如果一个系统正在工作，那么它就是可用的，至于它过去是否发生过失效、是否被维修过，都是无关紧要的。可用率是一个系统、单元或模件能够正常运行的量度。

可用率不同于可靠度，可靠度始终是运行时间和失效率的函数，随着时间的递增，该指标值由 1 变为 0。可用率是失效率、维修率以及运行时间的函数，该指标会随着运行时间的递增达到一个稳态值，该稳态值仅与失效率和维修率有关。

9. 不可用率

不可用率是一种失效指标，主要用于可维修系统。不可用率的定义为：在任何时刻 t，一个设备不能正常工作的概率。不可用率是可用率的补函数，故有

$$U(t) = 1 - A(t) \qquad\qquad (7-27)$$

7.1.2　安全性评价指标

当评估一个系统的安全性时，工程师不能仅仅知道系统正常运行的概率，还必须评估系统的失效模式，可靠度、可用率以及 MTTF 等指标仅仅是系统正常工作的指标。另外一些表征安全性的指标包括需求失效率（PED）、风险降低因子（RRF）、安全可用率、平均危险故障前时间（MTTFD）。

1. 失效模式

在安全保护系统设计时，必须考虑失效模式。有安全模式与危险模式两种重要的失效模式。流程工业设备安全标准（ISA S84.01—1995）定义安全状态为：设备或过程处于受控状态，或者在仪表系统的正常工作之后能够处于受控状态。在大多数行业里，设计者选择非激励状态为系统的安全状态。一个安全保护系统应使其输出处于非激励状态，以达到安全状态。这些系统被称为正常激励系统。

当正常激励的系统正常工作时，输入电路获取传感器的状态，完成运算功能，并且产生输出。输入开关在正常状态下激励，表示处于安全状态。输出电路为负载（一般是一个阀门）提供能源。传感器的接电打开（非激励）表示可能的危险状态。如果通过对逻辑运算器（通常是安全保护系统的 PLC）进行编程，来识别传感器的输入，将其作为可能的危险状

态，就会使其输出处于非激励状态，这样的动作设计将会减轻危险。

在这类系统中，当输出处于非激励状态，即使潜在的危险工况没有发生，也会进入一种安全失效状态。这种情况经常被称为误跳闸。误跳闸可能会以许多不同的方式发生。

危险失效指的是会阻止 SIS 系统对潜在危险工况做出反应的失效模式，也就是说，危险失效会导致 SIS 系统拒绝保护系统安全的要求。如果系统没有按照高安全性去设计，许多元件失效可能会造成危险的系统失效。

2. PFS/PFD

正常激励的 SIS 系统在它输出非激励时，就会处于故障状态，这种情况发生的概率就称为安全故障概率（PFS）。随着系统输出激励时，系统失效的概率被称为需求失效概率（PFD）。后一个术语意味着安全系统是危险的，它不会在要求（潜在的紧急条件）发生时产生响应。

不可靠度是指一段时间内设备不能正常工作的概率。不可靠度包含各种失效模式，因此

$$F(t) = \mathrm{PFS}(t) + \mathrm{PFD}(t) \tag{7-28}$$

平均 PFD 是一个用来描述系统需求时平均失效概率的术语。由于 PFD 随时间增加，因此可计算它在一段时间里的平均值。

不可用率已经定义为在任何时刻设备不能正常工作的概率，包含着各种失效模式，因此，对于一个可维修系统，有

$$U(t) = \mathrm{PFS}(t) + \mathrm{PFD}(t) \tag{7-29}$$

并且

$$A(t) = 1 - [\mathrm{PFS}(t) + \mathrm{PFD}(t)] \tag{7-30}$$

式（7-30）可用于时间相关的计算或稳态计算。

3. 安全可用率

安全可用率不同于可用率，定义为当过程运行时，SIS 系统能够完成其保护功能的时间百分比。由于故障跳闸时，过程会停止运行，此时不需要考虑 PSF 区。按照这种定义，安全可用率为

$$SA(t) = 1 - \mathrm{PFD}(t) \tag{7-31}$$

4. MTTFS/MTTFD

MTTFS 描述了一个系统从开始工作到发生故障时的平均时间，该定义包含各种失效模式，工程师们经常需要计算在某一种失效模式下的平均故障前时间。平均安全故障前时间（MTTFS）和平均危险故障前时间（MTTFD）就是工程师们非常感兴趣的两个指标。在工业控制系统中，需要考虑的指标是特定故障模式下两次故障间的平均时间，而不考虑其他模式。

5. 诊断覆盖率

具有失效检测能力是任何控制系统或者安全系统的重要特性，这一特征可以减少维修时间，并控制一些容错结构的运行。表征这种能力的指标被称为诊断覆盖率 C，诊断覆盖率反映了某一个失效如果发生，它能被检测到的概率。诊断覆盖率可以通过将检测到的失效率相加，并除以总的失效率来得到。

一般来说，在仪控系统可靠性和安全性的分析中，必须定义安全失效覆盖率和危险失效

覆盖率，上标 S 用于表示安全失效覆盖率 C^S，上标 D 用于表示危险失效覆盖率 C^D。PFS 和 PFD 的估算将分别受到每种覆盖率的影响。

某些容错结构中，可能需要另外两种覆盖率。元件的失效检测是通过两种不同的技术来实现的，即参比法和对比法。参比法诊断可以由一个单元实现，诊断覆盖率的变化范围很大，主要取决于实现方案，大多数范围是 0～0.999。对比法诊断需要两个或多个诊断单元，覆盖率也与实现方案有关，一般是 0.9～0.999。

对比法诊断技术是比较一个系统中两个或多个工作单元之间的数据。而参比法诊断利用了正常工作单元的预定特性，对比在实测参数和预定参数之间进行。通过测量电压、电流、信号计时、信号次序以及温度来精确地诊断元件的失效。先进的参比法还包括数字签名和频域分析。

在某些容错系统中，当系统处在降级运行状态时，诊断覆盖率会发生改变。对于这种覆盖率会随着系统运行状态变化的情况，在进行系统可靠性与安全性分析时，必须使用适当的覆盖率。当一个在正常使用对比法的容错系统降级到只有一个单元工作时，比较就必定停止，这种情况下，必须使用参比法覆盖率。定义以下覆盖率：C，参比法或对比法，或者两者结合的覆盖率；C_1，单一单元参比诊断法的覆盖率；C_2，对比诊断法的覆盖率。在此，C 总是等于 C_1 和 C_2 中的较大者。

7.2　仪表的可靠性分析和设计原则

在工业仪控实际中所使用的许多模型和系统都可以采用简单的网络来建模，这些网络表示了部件的串联、并联和串并联。可靠性建模的第一步是将物理系统转换成网络模型，这通常是最难的一步，也是最关键的一步，要在正常情况下和失效情况下正确地定性了解系统的运行情况。可靠性网络模型是用方框来表示构成系统的模件和部件，方框之间的线表示运算关系。网络模型的连接关系可能会与实际模型的连接有很大区别。可靠性网络可以看成是"成功的路径"，如果观察者可以找到一条由左向右通过可靠性网络的途径，那么这些部件就可以使系统运行。参考图 7-2 所示的仪控系统，3 个传感器分别接到两个控制器上，控制器实现表决算法，以便能容许单个传感器失效时系统能正常工作，两个控制器中的任何一个均可以控制阀门。

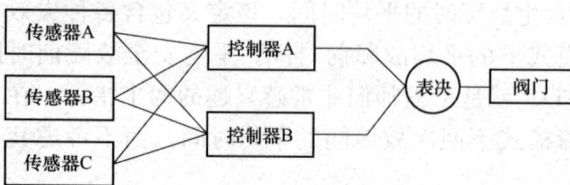

图 7-2　传感器和控制器容错结构设计

该系统的可靠性网络模型如图 7-3 所示。该模型有几条成功的路径，其中一个是由传感器 A、传感器 B、控制器 A 和阀门构成，只要这四个部件能正常工作，系统就能正常工作。给定一个网络，就可以用概率理论来评估这个网络。通常要知道部件的可靠度，并假设部件是独立的，有时采用失效概率容易分析，有时采用成功概率更方便些，基本术语"成功"可能指可靠度，也可能指可用率。分析不可维修系统时，使用可靠度（0～t 时段系统正常工作的概率）；而在可维修系统中，使用可用率（在 t 时刻系统正常工作的概率）作为成功概率的测度。

7.2.1 可靠性方块图（RBD）

RBD 是一个以成功为导向的图，它表示部件协调工作以执行系统所需功能的方式。RBD 对于非可靠性专业人士来说更直观。可靠性方块图是与系统功能图较为相似的、

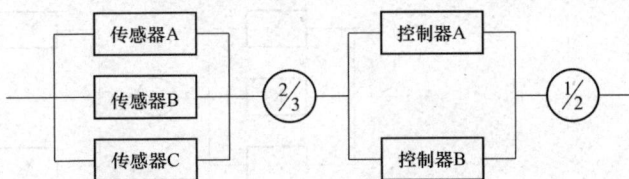

图 7-3　系统的可靠性建模

直观的图。它用图形表示了系统成功的逻辑，用方块相互联系表示事件的相互关系。

（1）建立可靠性方块图的一般步骤如下：

1）确定系统使命，使命完成即系统获得成功。若系统有一个以上使命，则应分别考虑每个使命。

2）确定系统边界和初始状态。

3）仔细分析系统功能方块图、线路图、FMEA 表所表示的各元部件之间的相互关系及元部件故障与系统成功的关系，建立可靠性方块图。

4）研究可靠性方块图，确保图中已包含了可能导致系统成功的所有通路。

由上述步骤给出的可靠性方块图，详细显示了达到系统功能成功的各种通路。通过把许多通路简化为更少、更重要的路径，可以构建更通用的 RBD。简化方法如下：每个通路的成功以某种简单方式和其元件成功相关联，确定每个通路成功的逻辑描述，并将该通路处理成一个组成部件，然后用这些组成部件构成一个新的方块图，以此类推，直到不再需要简化为止。

（2）可靠性建模。以图 7-2 系统为例，由系统工作原理可知：如果三个输入通道中有两个成功，输出通道中有一个成功，系统即成功。由此可画出系统的可靠性方块图，如图 7-4 所示。

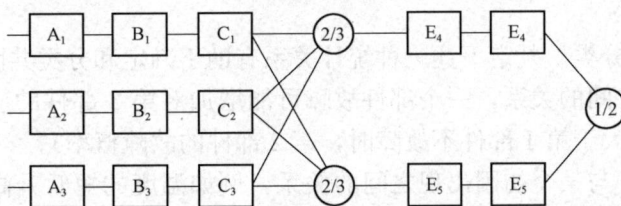

图 7-4　系统的可靠性方块图

A_i—表示输入通道 i 的敏感元件工作正常；B_i—表示输入通道 i 的变送器正常；
C_i—表示输入通道 i 的双稳开关工作正常；E_i—表示输出通道 i 的 2/3 逻辑及功率
放大器工作正常；F_i—表示输出通道 i 的断路器工作正常

图 7-4 可简化为图 7-5。

故障树和可靠性方块图是描述系统的两种方法，主要有如下差别：

1）可靠性方块图是以导致成功的事件来表示系统；故障树是以导致失效的事件来表示系统。

2）可靠性框图可直观了解系统功能；而故障树表示系统各元部件故障（相关的，非相关的）构成系统故障的逻辑关系，从故障树不易直观了解系统功能。

3）故障树易于作复杂系统的模型，能表示各种类型的相关性和共因事件，适用于计算

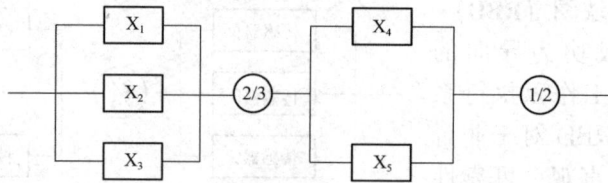

图 7-5　系统的简化可靠性方块图

X₁—输入通道 1 正常；X₂—输入通道 2 正常；X₃—输入通道 3 正常；

X₄—输出通道 4 正常；X₅—输出通道 5 正常

注：1、2 表示结点，其后的图（2/3）表示在结点 1 和 2 之间的逻辑（三取二）；3、4 意义类似。

机计算；而可靠性方块图很难做到这些。

7.2.2　共因故障的定性分析

在评估反应堆仪表高可靠系统的可靠性和可用性时，常常需要扩大定性分析范围，考虑冗余部件的共因故障。对共因故障的关心源自核电厂安全系统和其他应用高冗余度的系统的运行经验。数据表明共因故障在系统失效中占有重要比例，特别是在主要考虑独立故障影响的系统设计中，共因故障可能是系统失效概率的主要贡献者。

基于 FMEA 扩展的定性分析程序，在独立部件故障分析中一般不考虑因故障机理分析。共因故障分析（CCFA）程序不作为一个标准也不作为一个理想的分析方法，只是作为一种可能的分析方法和设计工具。分析的深度及范围也可根据分析要求和分析对象而变化。

共因故障分析通常是要找出导致一个冗余系统不能完成其预定功能的、在两个或多个独立通道中的多个部件故障。分析适用于由完全相同的通道或者由多样化配置的通道（或两者）提供冗余的情况。无论哪种情况，多重设施总是和一个公共事件或公共条件（如单一初因）相关。

（1）共因故障的分类。判定下述三种统计关系有助于判定和分类共因故障：

1）判定故障事件间的关系，一个部件故障可能增加对第 2 部件的应力，从而使第 2 部件的故障概率增加（大于第 1 部件不故障时，第 2 部件的故障概率）。

2）判定故障事件与某个初因出现之间的关系，例如温度的短暂升高使几个部件早期失效，但不是同时失效的概率大于该初因事件未出现时的概率。

3）判定所有部件同时承受某一极端条件时可能出现的关系。

（2）共因故障的一般分析步骤。

1）定义系统和系统边界。应清楚地确定和列出系统内部的联系通道（如管道、接线、继电器等）以及其他的相互影响（如环境条件、人员等）。某些相互影响可能很复杂，如在某种场合，可能通过被控工艺过程本身，控制系统和保护系统以某种不希望的途径相互影响。

2）定义所有预期的系统运行模式（包括自动、手动、试验和旁通等）。考虑所有可信的运行模式很重要，因为经验表明，对一种运行模式设计的系统可以完成功能，而在异常但可预见的运行条件下，可能以某种非预期的方式失效。

3）对每一运行模式定义系统和系统边界有助于判定可能的共因故障事件。

4）说明系统运行和确定所有运行模式下，在核电厂寿期内预期的正常环境条件和任何可能出现的可信的环境条件。

5）在 FMEA 表中确定并列出组成冗余通道的部件，并特别注意没有多样化的部件；列出并注意由设计和结构相同或类似的部件构成的非冗余子系统。确定故障集合，分析在哪些部件上出现共因故障可能导致整个系统失效。分析可能引起共因故障的原因，要注意系统内部联系通道的影响。可从下述几方面考虑引起共因故障的原因：

a）考虑所有可预计的系统运行方式下可能的运行错误。

b）考虑因安装、维修、试验、仪器标定等可能出现的错误（还应对安装和维修规程进行评估）。

c）考虑环境因素，如灰尘、温度、湿度、振动、电干扰等。

d）考虑可能的设计缺陷和系统功能缺陷。如：在独立的子系统之间及独立的元部件之间的影响；同一生产厂制造的元部件可能存在的制造缺陷；未考虑的可能引起公共故障的电气或机械原因；对过程变量行为的错误理解；保护动作的设计不当；不适当的仪器仪表。

（3）对可能的共因故障采取的预防措施：

1）功能多样化；

2）设备多样化；

3）设计、运行的行政管理；

4）故障安全模式；

5）实际隔离；

6）标准化，采用被证明的设计等。

可用表格列出上述分析，表格形式可随需要变化，举例见表 7 - 3。

表 7 - 3　　　　　　　　　　　可能引起的共因故障及其原因

故障设备及故障模式	故障原因																	
	环境				设计缺陷				运行维修错误					灾害				功能失效	
	灰尘	温度	潮湿	震动	电干扰	未考虑的相互关系	公共因素	故障不独立	误刻度	不恰当的检验	过时的规程	维修不小心	操作错误	其他人为因素	旋风	火灾	洪水	地震	现象误解	不合适的保护动作	不合适的仪器设备
	×	×	×	×	×		×	×		×		×				×	×			×	

最后逐项评定每项可能的原因及采取的预防措施是否恰当，从而最大限度地保证发生共因故障的可能性足够低。

（4）分析的终止。将概述的过程应用于实际系统可能会花费大量时间，但这不是目的。为节约定性分析时间，分析者需应用良好的工程判断确定何时和如何结束分析。特提出如下建议：

1）如果被分析故障后果的严重程度小于其他故障的后果，则不再需要详细分析原因；

2）对次要系统，仅需分析其和主要系统的联系部分；

3) 如果多重保障对联系通道的影响相同，则后果只需分析一次；

4) 如果故障原因是明显不可信的，或者出现的概率非常小并可忽略，则不需要对其后果进行详细研究。

分析者应尽可能注意故障原因的相对可信度，重点分析最可能的事件。

需要指出，有时故障事件以链式出现，一个部件失效导致对另一部件的过应力，从而使其失效，而第 2 部件失效又导致第 3 个部件失效等，从而影响电厂的几个区域或几个系统，这种类型的故障序列称为级联故障。与共因故障不同，级联故障不涉及系统冗余通道的多个故障事件。级联故障应直接从 FMEA 表判定而不需要再进行扩展的定性分析，因为 FMEA 表包括对被评价系统主要的影响或对可能与主要系统有相互作用的其他系统的影响，或两者都有，从而提出了可能的级联故障序列。

对一个小系统，理论上可通过建造一棵故障树，找到最小割集，检查最小割集后再确定是否可能使一个最小割集的所有部件均失效的原因，从而判定共因失效。实际上，这是很难的。因为很难建造详细到能发现错综复杂共因的故障树。用故障树方法探测多重故障，往往只是当建模者已怀疑其可能出现，并在故障树里已考虑了可能的部位。

目前已经开发了以故障树模型探测共因故障的计算机程序，并应用于许多不常见的共因故障组合。

7.2.3 定量分析原则

定量分析是在定性分析的基础上，利用已知的或假定的单个部件的故障概率和系统的故障特性、适当的计算技术对系统的数学模型进行定量的可靠性计算，从而估计系统的故障概率。

系统成功或失效的数学模型是故障率、修复率、试验间隔、使命时间、系统逻辑和检查试验计划等所有（或部分）因素的函数。

定量分析结果的正确性受到数据的质量和数量的限制，但灵敏度、重要度分析和定量结果的相对比较并不完全取决于数据的质量，并且对确定系统的关键部件、找出系统的薄弱环节、选取可靠性高的系统设计是很有意义的。

定量分析的一般步骤是：

1) 确定系统任务，明确分析目标；

2) 建立数学模型；

3) 取得所有元件的故障率数据或估计值；

4) 进行数值计算并分析结果的可信度。

使命是在系统必须完成其功能的环境条件下，为了在给定时间间隔内或任务上获得成功，系统必须做什么的详细描述，通常用可靠性、稳态可用性这两种方法表示使命的成功。

1. 可靠性

可靠性是物项的一个特性，是指在给定状态下和给定时间间隔内某物项完成要求使命的概率。

在所有情况中，应说明所研究的使命时间，没有附带时间说明的可靠性数字是没有意义的，可靠性是时间函数。给定时间间隔是指使命时间，来自规定的系统使命，例如停堆换料周期，要求系统无故障连续工作时间或系统的试验间隔等。

任何连续工作物项在使命时间 t_m 内的可靠性可由式（7-32）计算

$$R(t_m) = \exp\left[-\int_0^{t_m} \lambda(t)\,dt\right] \tag{7-32}$$

式中：$R(t_m)$ 为可靠性（使命成功概率）；$\lambda(t)$ 为故障率；t_m 为使命时间，$t=0$ 使命开始。

故障率可考虑为瞬时故障概率，$\lambda(t)\,dt$ 是时间时隔 $(t, t+\Delta t)$ 内物项的故障概率。

故障率可以是任意函数，但大多数元件、设备的故障率随时间变化规律如图 7-6 所示，即浴盆曲线。失效分为早期失效期、偶然失效期和耗损失效期三个阶段。早期失效期故障率很高，但通常会随着早期故障的发生而降低，接着是故障率相对恒定的偶然失效期，随后是因磨损而故障率增加的损耗失效期。

一般说来，$\lambda(t)$ 是时间变量，式（7-32）是一般式，因此原则上在三个失效期均可计算可靠性，关键是给出 $\lambda(t)$ 函数。

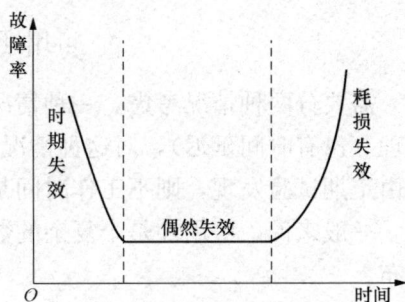

图 7-6　故障率随时间变化曲线

对大多数元件来说，是工作在偶然失效期。在此期间，$\lambda(t)$ 近乎不变，则式（7-32）可简化为

$$R(t) = \exp[-\lambda(t)] \tag{7-33}$$

式中：λ 为不变的元件故障率。

指数函数可以用泰勒级数来表示，则

$$\exp[-\lambda(t)] = 1 - \lambda(t) + [\lambda(t)^2]/2! - [\lambda(t)]^3/3! + \cdots \tag{7-34}$$

当 $\lambda(t)$ 很小时

$$R(t) \cong 1 - \lambda(t) \tag{7-35}$$

在 $\lambda(t)=0.1$ 时，采用式（7-35）的误差近似为 0.5%。

表 7-4 列出不同 $\lambda(t)$ 值时，采用式（7-35）计算 $R(t)$ 时引起的误差。

表 7-4　　　　　不同 $\lambda(t)$ 值时由式（7-35）计算 $R(t)$ 时引起的误差

$\lambda(t)$	$1-\lambda(t)$	$e^{-\lambda(t)}$	误差（%）
0.01	0.99	0.990 05	0.005
0.02	0.98	0.980 2	0.02
0.05	0.95	0.951 23	0.13
0.10	0.90	0.904 9	0.54
0.15	0.85	0.860 7	1.26

不可靠性 $\overline{R}(t)$ 是可靠性 $R(t)$ 的补，当 $\lambda(t)$ 很小时

$$\overline{R}(t) = 1 - R(t) = \lambda(t) \tag{7-36}$$

不是所有物项的可靠性都是任务时间的函数，例如有的物项不是连续工作的，而是按要求或命令（on demand）工作。其成功或故障的概率是所施加的应力的函数。它们的可靠性规定为在提出要求时成功的概率。部件也可有不同的故障率，这与其所处状态（如运行、安

装或贮存等）或处在该状态的时间有关。

2. 可用性（稳态）

稳态可用性概念用于可修复或可更换物质（计算时可假设维修时间为无限以模拟不可修复情况）。

一个可修复或可更换物项遵循交替更新过程，该物项一直工作到故障，然后被维修，再工作，又故障，再维修……（"维修"指修复或更换）。

在一个无限时间内，可用性与平均运行时间和维修时间有关，即

$$可用性 = \frac{平均工作}{平均工作 + 平均不工作} \tag{7-37}$$

需要分两种情况考虑，一种情况是一个物项出现故障立即被发现（自显示），立即进行修理（没有时间延迟），对这种情况，可假设不工作时间等于维修时间；另一种情况下，只能由定期试验发现，则不工作时间是出现故障到下次试验的时间间隔加上维修时间。

一般来说，可用性是个复杂的数学函数，取决于试验间隔、运行时间和维修时间的概率分布。

如果满足下述假设：

1）物项有一恒定故障率 λ；

2）故障只能由定期试验发现；

3）试验间隔时间恒定为 T；

4）$\lambda(T)$ 足够小，因而可近似认为物质在试验间隔内的故障概率，$\overline{R}(t) = \lambda(T)$；

5）不工作时间 D（维修时间加逻辑延迟时间）远小于试验间隔时间 $D \ll T$；

6）物项在每一试验间隔开始时处于工作状态，故障物项肯定能由试验测得并修理，试验不会引起物项失效，也不会改变物项的故障率。

则式（7-37）可简化为

$$A = \frac{U}{U+D} \tag{7-38}$$

式中：U 为试验间隔内物项工作时间；D 为试验间隔内物项不工作时间。

由于

$$U + D = T \tag{7-39}$$

则

$$A = \frac{T-D}{T} = 1 - \frac{D}{T}$$

在间隔 T 内，物项的故障概率为 $\lambda(T)$，物项处于故障状态的平均时间 $T/2$，不工作时间为 $D = \lambda T \dfrac{T}{2}$，则可用性

$$A = 1 - \frac{\lambda T}{2} \tag{7-40}$$

另外，可用性可看作是在给定试验间隔内的平均可靠性，可表示为

$$A = \frac{1}{T} \int_0^T R(t) \mathrm{d}t \tag{7-41}$$

当满足前述假设条件时，则

$$A = \frac{1}{T} \int_0^T R(t) = \frac{1}{T} \int_0^T (1 - \lambda t) \mathrm{d}t$$

$$= \frac{1}{T}\left[T - \frac{\lambda T^2}{2}\right] = 1 - \lambda T/2 \tag{7-42}$$

则式（7-41）等于式（7-40）。

不可用性 $\overline{A}$ 是可用性 A 的补数，则

$$\overline{A} = \lambda T/2 \tag{7-43}$$

若平均修理时间 τ_n 远大于试验间隔 T，即 $T \ll \tau_n$（例如以非常短的周期进行自动试验的系统可能是这种情况），则可以忽略试验间隔，可根据部件故障率和维修进行可用性计算。当 $\lambda_n\tau_n \ll 1.0$，维修时间是指数分布时

$$A_n = 1 - \lambda_n\tau_n \tag{7-44}$$

$$\overline{A}_n = \lambda_n\tau_n \tag{7-45}$$

若平均修理时间和试验时间间隔是同一数量级，要对此提出手算的准确模型比较困难。

式（7-44）和式（7-45）既适用于系统也适用于部件，当用于系统时，则应采用7.2.4 所述的数学方法，从系统部件的故障概率导出 $R(t)$。

7.2.4 设计计算方法

为了分析求得系统的可靠性或可用性，通常根据适用的可靠性模型列出数学表达式进行计算。对于简单系统，可以直接推导出表达式；对复杂系统，则需借助于计算机程序求解。但应用原理是相同的。

1. 真值表方法

真值表是可靠性计算的一种基本方法。对于由少量元部件构成的系统可用真值表列出系统所有成功和不成功的组合。如以图 7-7 所示的三取二系统为例，设 A、B、C 代表系统的三个传感器或仪表。

图 7-7 所示系统要求至少有两个通道成功则系统成功，若两个或两个以上通道失效，系统失效。真值表中的后四项的每一项代表一个成功项，前四项为失效项。对照表 7-5 及图 7-8 可知，真值表所列各项是互不相容的。

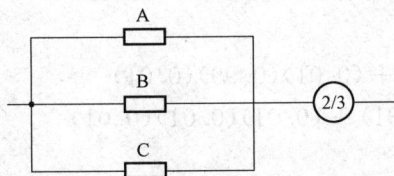

图 7-7　基本的三取二系统　　　　　　图 7-8　真值表法示意

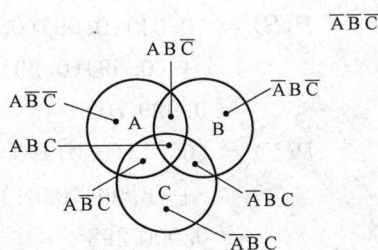

表 7-5　　　　　　　　　　　　基本三取二系统的真值表

序号	A	B	C	系统	项
0	0	0	0	0	$\overline{A}\,\overline{B}\,\overline{C}$
1	0	0	1	0	$\overline{A}\,\overline{B}\,C$
2	0	1	0	0	$\overline{A}\,B\,\overline{C}$
3	1	0	0	0	$A\,\overline{B}\,\overline{C}$

序号	A	B	C	系统	项
4	0	1	1	1	$\overline{A}BC$
5	1	0	1	1	$A\overline{B}C$
6	1	1	0	1	$AB\overline{C}$
7	1	1	1	1	ABC

注 1. "1"表示成功，"0"表示失效。

2. "A"表示 A 部件成功，"$\overline{A}$"表示 A 部件失效。

系统成功等式为

$$S = \overline{A}BC + A\overline{B}C + AB\overline{C} + ABC \tag{7-46}$$

系统的成功概率为

$$P(S) = P(\overline{A}BC) + P(A\overline{B}C) + P(AB\overline{C}) + P(ABC) \tag{7-47}$$

假设三个事件是统计独立的，则可以直接代入 A、B、C 的概率值求系统成功的概率

$$P(S) = P(\overline{A})P(B)P(C) + P(A)P(\overline{B})P(C) + P(A)P(B)P(\overline{C}) + P(A)P(B)P(C) \tag{7-48}$$

同理，系统失效概率 P（F）等于表 7-5 中序号（0）、（1）、（2）、（3）的故障概率之和

$$P(F) = P(\overline{A}\,\overline{B}C) + P(\overline{A}B\overline{C}) + P(AB\overline{C}) + P(A\overline{B}\,\overline{C})$$
$$= P(\overline{A})P(\overline{B})P(C) + P(\overline{A})P(B)P(\overline{C}) + P(A)P(\overline{B})P(\overline{C}) + P(\overline{A})P(\overline{B})P(\overline{C}) \tag{7-49}$$

设

$$P（A）= P（B）= P（C）=0.99$$
$$P（\overline{A}）= P（\overline{B}）= P（\overline{C}）=0.01$$

代入式（7-48）和式（7-49）得

$$P(S) = (0.01)(0.99)(0.99) + (0.99)(0.01)(0.99)$$
$$+ (0.99)(0.99)(0.01) + (0.99)(0.99)(0.99)$$
$$= 0.999\,702$$
$$P(F) = (0.01)(0.01)(0.99) + (0.01)(0.99)(0.01)$$
$$+ (0.99)(0.01)(0.01) + (0.01)(0.01)(0.01)$$
$$= 0.000\,298$$

求出 $P(F)$ 后，可应用 $P(S) =1-P(F)$，求出成功概率 $P(S)$。

对由少量部件组成的系统，应用真值表很方便。对复杂系统，因项数很多，运用真值表就十分麻烦，所以真值表只适用于简单系统。

2. 布尔代数方法

布尔代数方法是根据系统模型列出系统成功或失效的布尔表达式，再应用布尔代数的一些基本公式将布尔表达式各项处理成互斥形式并简化，最后得到概率表达式。

在可靠性计算中采用的布尔代数的公式有

$$A \cdot A = A \tag{7-50}$$
$$A + A = A \tag{7-51}$$

$$A \cdot \overline{A} = 0 \tag{7 - 52}$$

$$A + AB = A \tag{7 - 53}$$

$$A + B = A + \overline{A}B \tag{7 - 54}$$

$$\overline{A \cdot B \cdot C \cdots (N-1) \cdot N} = \overline{A} + \overline{B} + \overline{C} + \cdots + \overline{N-1} + \overline{N}$$
$$= \overline{A} + A\overline{B} + AB\overline{C} + \cdots + ABC \cdots (N-1) \cdot \overline{N} \tag{7 - 55}$$

附录 A   常用自给能探测器材料核特性

常用自给能探测器材料核特性见表 A-1～表 A-4。

表 A-1   **常用发射体材料的物理数据**

同位素	天然丰度（%）	中子截面积（b）	半衰期	β衰变最大能量（MeV）	$10^{14}n/$（cm^2·s）通量下每月燃耗（%）
^{107}Ag	48.65	35	2.3min	1.8	0.9
^{109}Ag	51.35	89	24s	2.8	2.3
^{51}V	99.76	4.8	3.76min	2.5	0.12
^{103}Rh	100	150	42s（92%）4.4min（8%）	2.5	3.9
^{59}Co	100	37	10^{-14}s	—	1.0
天然 Pt	100	10	瞬时	—	0.25
天然 Er	100	162	瞬时	—	4.0
天然 Ht	100	102	瞬时	—	3.2

表 A-2   **SPND 发射体的特性与应用**

发射体材料	热中子吸收截面积（b）	缓发（n,β）	ρ瞬发（n,γ,e）	瞬发（γ,e）	应用
V^{51}	4.9	×	×	○	HWR 注量率分布探测LWR 注量率分布探测
Co^{59}	37	○	×	○	LWR 注量率分布探测LWR 控制
Rh^{103}	145	×	—	—	LWR 注量率分布探测
Ag^{107,109}	64.8	×	—	—	RBMK 注量率分布探测
Pt^{195}	24	○	×	×	LWR 控制HWR 控制
HfO$_2$	115	○	×	○	RBMK 注量率分布探测RBMK 控制

注   HWR—重水堆；LWR—轻水堆；RBMK—压力管式石墨沸水堆。×表示一次相互作用；○表示二次相互作用。

表 A-3   发射体材料的核特性

发射体材料	稳定同位素	成分 （%）	吸收截面积 （b）	产生的核素	半衰期
钒	$_{23}V^{50}$ $_{23}V^{51}$	0.24 99.76	100 4.9	$_{23}V^{51}$ $_{23}V^{52}$	稳定 3.76min
钴	$_{27}Co^{59}$	100	37	$_{27}Co^{60}$	5.27 年
铑	$_{45}Rh^{103}$	100	11（8%） 135（92%）	$_{45}Rh^{104}$ $_{45}Rh^{104}$	4.4min 42s
银	$_{47}Ag^{107}$ $_{47}Ag^{109}$	51.82 48.18	35 93	$_{47}Ag^{108}$ $_{47}Ag^{110}$	2.42min 24.4s
二氧化铪	$_{72}Hf^{174}$ $_{72}Hf^{176}$ $_{72}Hf^{177}$ $_{72}Hf^{178}$ $_{72}Hf^{179}$ $_{72}Hf^{180}$	0.18 5.20 18.50 27.14 13.75 35.23	390 15 380 15 65 14	$_{72}Hf^{175}$ $_{72}Hf^{177m}$ $_{72}Hf^{178m}$ $_{72}Hf^{179m}$ $_{72}Hf^{180m}$ $_{72}Hf^{181m}$	70d 51.4min 31 年 25.1d 5.5h 42.4d
铂	$_{78}Pt^{192}$ $_{78}Pt^{194}$ $_{78}Pt^{195}$ $_{78}Pt^{196}$ $_{78}Pt^{198}$	0.78 32.90 33.80 25.30 7.22	14 2 24 1 4	$_{78}Pt^{193m}$ $_{78}Pt^{195m}$ $_{78}Pt^{196}$ $_{78}Pt^{197m}$ $_{78}Pt^{199}$	4.3d 4.1d 稳定 1.3h 30.8min

表 A-4   适合作收集体、绝缘体和发射体的材料汇集

收集体	绝缘体	发射体								
		元素	丰度 （%）	截面积 （b）	g 因子 （20℃）	S 因子 （20℃）	最小共 振能量 （eV）	俘获产 物半衰期	β 能谱终点 （MeV）	在 $10^{13}/(cm^2 \cdot s)$ 中子通量下的 燃耗
镁	聚苯乙烯 （70℃）	AF^7	100	0.241	1.0	0.0		2.30min	2.87	0.0076%/年
铝	聚乙烯 （100℃）	V^{51}	99.76	4.5	1.0	0.0		3.76min	2.6	0.012%/月
镍	聚丙二醇酯 （140℃）	Rh^{103}	100	149	1.023	7.255	1.26	4.4min 42s （8%）（92%）	2.44	0.39%/月
钛	Mylar* （160℃）	ln^{115}	95.77	191	1.0192	19.87	1.46	54.2min 13s （81%）（19%）	1・03.29	0.50%/月

收集体	绝缘体	发射体								
		元素	丰度（%）	截面积（b）	g因子（20℃）	S因子（20℃）	最小共振能量（eV）	俘获产物半衰期	β能谱终点（MeV）	在 $10^{13}/(cm^2 \cdot s)$ 中子通量下的燃耗
锆	聚四氟乙烯（250℃）	Ag^{109}	48.65	87	1.0044	14.12	5.20	24.2s	2.87	0.23%/月
		Ag^{107}	51.35	31			16.5	2.3min	1.26	0.081%/月
因科镍	四氟乙烯（250℃）	Mn^{55}	100	13.2	1.0	0.666	337	2.58h	2.86	0.035%/月
不锈钢	氧化铍氧化镁	U^{238}	99.3	2.71	1.0017	116.3	6.68	23.5min	1.21	0.007%/月
	氧化铝氧化硅	U^{235}	0.714	582（裂变）	0.9759（裂变）	—0.0502（裂变）	0.273	裂变产物	混合谱	1.8%/月

*　Mylar　是一种聚酯膜。

附录 B　热电偶分度表

热电偶分度表见表 B-1～表 B-3。

表 B-1　　　　　　　　　　　　　　　K 型热电偶分度表

温度 (℃)	热电势 (μV)	温度 (℃)	热电势 (μV)	温度 (℃)	热电势 (μV)	温度 (℃)	热电势 (μV)	温度 (℃)	热电势 (μV)	温度 (℃)	热电势 (μV)	温度 (℃)	热电势 (μV)	温度 (℃)	热电势 (μV)
-50	-1889	125	5124	300	12 207	475	19 576	650	27 022	825	34 299	1000	41 269	1175	47 911
-45	-1709	130	5327	305	12 415	480	19 788	655	27 234	830	34 502	1005	41 463	1180	48 095
-40	-1527	135	5531	310	12 623	485	20 001	660	27 445	835	34 705	1010	41 657	1185	48 279
-35	-1342	140	5733	315	12 831	490	20 214	665	27 656	840	34 909	1015	41 851	1190	48 462
-30	-1156	145	5926	320	13 039	495	20 427	670	27 867	845	35 111	1020	42 045	1195	48 645
-25	-968	150	6137	325	13 247	500	20 640	675	28 078	850	35 314	1025	42 239	1200	48 828
-20	-777	155	6338	330	13 456	505	20 853	680	28 288	855	35 516	1030	42 432	1205	49 010
-15	-585	160	6539	335	13 665	510	21 066	685	28 498	860	35 718	1035	42 625	1210	49 192
-10	-392	165	6739	340	13 874	515	21 280	690	28 709	865	35 920	1040	42 817	1215	49 374
-5	-197	170	6939	345	14 083	520	21 493	695	28 915	870	36 121	1045	43 010	1220	49 555
0	0	175	7139	350	14 292	525	21 706	700	29 218	875	36 323	1050	43 202	1225	49 736
5	198	180	7338	355	14 502	530	21 919	705	29 338	880	36 524	1055	43 394	1230	49 916
10	397	185	7538	360	14 712	535	22 132	710	29 547	885	36 724	1060	43 585	1235	50 096
15	597	190	7737	365	14 922	540	22 346	715	29 756	890	36 925	1065	43 777	1240	50 276
20	798	195	7937	370	15 132	545	22 559	720	29 965	895	37 125	1070	43 968	1245	50 455
25	1000	200	8137	375	15 342	550	22 772	725	30 174	900	37 325	1075	44 159	1250	50 633
30	1203	205	8336	380	15 552	555	22 985	730	30 383	905	37 524	1080	44 349	1255	50 812
35	1407	210	8537	385	15 763	560	23 198	735	30 591	910	37 724	1085	44 539	1260	50 990
40	1611	215	8737	390	15 974	565	23 411	740	30 799	915	37 923	1090	44 729	1265	51 167
45	1817	220	8938	395	16 184	570	23 624	745	31 007	920	38 122	1095	44 919	1270	51 344
50	2022	225	9139	400	16 395	575	23 837	750	31 214	925	38 320	1100	45 108	1275	51 521
55	2229	230	9341	405	16 607	580	24 050	755	31 422	930	38 519	1105	45 297	1280	51 697
60	2436	235	9543	410	16 818	585	24 263	760	31 629	935	38 717	1110	45 486	1285	51 873
65	2643	240	9745	415	17 029	590	24 476	765	31 836	940	38 915	1115	45 675	1290	52 049
70	2850	245	9948	420	17 241	595	24 689	770	32 042	945	39 112	1120	45 863	1295	52 224
75	3058	250	10 151	425	17 453	600	24 902	775	32 249	950	39 310	1125	46 051	1300	52 398
80	3266	255	10 355	430	17 664	605	25 114	780	32 455	955	39 507	1130	46 238	1305	52 573
85	3473	260	10 560	435	17 876	610	25 327	785	32 661	960	39 703	1135	46 425	1310	52 747
90	3681	265	10 764	440	18 088	615	25 539	790	32 866	965	39 900	1140	46 612	1315	52 920
95	3888	270	10 969	445	18 301	620	25 751	795	33 072	970	40 096	1145	46 799	1320	53 093
100	4095	275	11 175	450	18 513	625	25 964	800	33 277	975	40 292	1150	46 985	1325	53 266
105	4302	280	11 381	455	18 725	630	26 176	805	33 482	980	40 488	1155	47 171		
110	4508	285	11 587	460	18 938	635	26 387	810	33 686	985	40 684	1160	47 356		
115	4714	290	11 793	465	19 150	640	26 599	815	33 891	990	40 879	1165	47 542		
120	4919	295	12 000	470	19 363	645	26 811	820	34 095	995	41 074	1170	47 726		

表 B-2　　　　　　　　　　　　**T 型 热 电 偶 分 度 表**

温度(℃)	热电势(μV)	温度(℃)	热电势(μV)	温度(℃)	热电势(μV)	温度(℃)	热电势(μV)
−50	−1819	65	2687	180	8235	295	14 570
−45	−1648	70	2908	185	8495	300	14 860
−40	−1475	75	3131	190	8757	305	15 151
−35	−1299	80	3357	195	9021	310	15 443
−30	−1121	85	3584	200	9286	315	15 736
−25	−940	90	3813	205	9553	320	16 030
−20	757	95	4044	210	9820	325	16 325
−15	−571	100	4277	215	10 090	330	16 621
−10	−383	105	4512	220	10 360	335	16 919
−5	−193	110	4759	225	10 632	340	17 217
0	0	115	4987	230	10 905	345	17 516
5	195	120	5227	235	11 180	350	17 816
10	391	125	5469	240	11 456	355	18 118
15	589	130	5712	245	11 733	360	18 420
20	789	135	5957	250	12 011	365	18 723
25	992	140	6264	255	12 291	370	19 027
30	1196	145	6452	260	12 572	375	19 332
35	1403	150	6702	265	12 854	380	19 638
40	1611	155	6954	270	13 137	385	19 945
45	1822	160	7207	275	13 421	390	20 252
50	2035	165	7462	280	13 707	395	20 560
55	2250	170	7718	285	13 993	400	20 869
60	2467	175	7975	290	14 281		

表 B-3　　　　　　　　　　　　**E 型 热 电 偶 分 度 表**

温度(℃)	热电势(μV)	温度(℃)	热电势(μV)	温度(℃)	热电势(μV)	温度(℃)	热电势(μV)	温度(℃)	热电势(μV)	温度(℃)	热电势(μV)	温度(℃)	热电势(μV)	温度(℃)	热电势(μV)
−50	−2787	−25	−1432	0	0	25	1495	50	3047	75	4655	100	6317	125	8029
−45	−2522	−20	−1151	5	295	30	1801	55	3364	80	4983	105	6656	130	8377
−40	−2254	−15	−868	10	591	35	2109	60	3683	85	5314	110	6996	135	8727
−35	−1983	−10	−581	15	890	40	2419	65	4005	90	5646	115	7339	140	9078
−30	−1709	−5	−292	20	1192	45	2732	70	4329	95	5981	120	7683	145	9432

续表

温度 (℃)	热电势 (μV)	温度 (℃)	热电势 (μV)	温度 (℃)	热电势 (μV)	温度 (℃)	热电势 (μV)	温度 (℃)	热电势 (μV)	温度 (℃)	热电势 (μV)	温度 (℃)	热电势 (μV)	温度 (℃)	热电势 (μV)
150	9787	255	17 559	360	25 754	465	34 170	570	42 662	675	51 113	780	59 451	885	67 630
155	10 143	260	17 942	365	26 151	470	34 574	575	43 066	680	51 513	785	59 844	890	68 015
160	10 501	265	18 325	370	26 549	475	34 978	580	43 470	685	51 913	790	60 237	895	68 399
165	10 861	270	18 710	375	26 947	480	35 382	585	43 874	690	52 312	795	60 630	900	68 783
170	11 222	275	19 095	380	27 345	485	35 786	590	44 278	695	52 711	800	61 022	905	69 166
175	11 585	280	19 481	385	27 744	490	36 190	595	44 681	700	53 110	805	61 414	910	69 549
180	11 949	285	19 868	390	28 143	495	36 595	600	45 085	705	53 509	810	61 806	915	69 931
185	12 314	290	20 256	395	28 543	500	36 999	605	45 488	710	53 907	815	62 197	920	70 313
190	12 681	295	20 644	400	28 943	505	37 403	610	45 891	715	54 305	820	62 588	925	70 694
195	13 049	300	21 033	405	29 343	510	37 808	615	46 294	720	54 703	825	62 978	930	71 075
200	13 419	305	21 423	410	29 744	515	38 213	620	46 697	725	55 100	830	63 368	935	71 456
205	13 789	310	21 814	415	30 145	520	38 617	625	47 099	730	55 498	835	63 758	940	71 835
210	14 161	315	22 205	420	30 546	525	39 022	630	47 502	735	55 894	840	64 147	945	72 215
215	14 534	320	22 597	425	30 948	530	39 426	635	47 904	740	56 291	845	64 536	950	72 593
220	14 909	325	22 989	430	31 350	535	39 831	640	48 306	745	56 687	850	64 924	955	72 972
225	15 284	330	23 383	435	31 752	540	40 236	645	48 708	750	57 083	855	65 312	960	73 350
230	15 661	335	23 777	440	32 155	545	40 640	650	49 109	755	57 478	860	65 700	965	73 727
235	16 038	340	24 171	445	32 557	550	41 045	655	49 510	760	57 873	865	66 087	970	74 104
240	16 417	345	24 566	450	32 960	555	41 449	660	49 911	765	58 268	870	66 473	975	74 480
245	16 797	350	24 961	455	33 364	560	41 853	665	50 312	770	58 663	875	66 859	980	74 857
250	17 178	355	25 357	460	33 767	565	42 258	670	50 713	775	59 057	880	67 245	985	75 232

附录 C　铠装热电偶的响应时间

铠装热电偶的响应时间见表 C-1～表 C-3。

表 C-1　　　　　　　　　　　　铠装热电偶的时间常数（一）　　　　　　　　　单位：s

套管外径（mm）		1.0	1.6	3.2	4.8	6.4	8.0
露出触点式	水	0.005	0.02	0.03	0.07	0.1	0.15
	气	0.03	0.15	0.3	0.6	0.8	1.6
接底触点式	水	0.1	0.2	0.7	1.1	2.0	2.5
	气	0.8	1.6	4.5	8.3	12.5	17.5
不接底触点式	水	0.3	0.5	1.3	2.2	4.5	7.2
	气	1.6	3.2	9.0	24.0	38.5	48.0

表 C-2　　　　　　　　　　　　铠装热电偶的时间常数（二）　　　　　　　　　单位：s

测量端型式和介质工况		铠装热电偶外径（mm）							
		$\phi1.0$	$\phi1.5$	$\phi2.0$	$\phi3.0$	$\phi4.0$	$\phi5.0$	$\phi6.0$	$\phi8.0$
露端型	水（搅动）	0.05	0.01	0.015	0.025	0.04	0.06	0.1	1.15
	气流［250kg/（s·m）］	0.03	0.15	0.2	0.3	0.5	0.6	0.8	1.6
接壳型	水（搅动）	0.06	0.1	0.15	0.3	0.5	1.1	1.5	3.0
	气流［250kg/（s·m）］	0.8	1.6	2.5	4.5	6.2	8.3	12.5	17.5
绝缘型	水（搅动）	0.1	0.15	0.2	0.7	1.5	2.5	3.6	5.0
	气流［250kg/（s·m）］	1.6	3.2	5.0	9.0	15.0	24.0	38.5	48.0

表 C-3　　　　　　　　铠装热电偶从室温到 100℃ 水中的响应时间常数

外径 ϕ（mm）	0.32	0.5	0.65	1.0	1.6	3.2	4.8
接壳型 τ	7ms	27ms	39ms	77ms	0.3s	0.6s	1.5s
非接壳型 τ	12ms	31ms	66ms	117ms	0.4s	0.9s	2.1s

附录 D　铂电阻分度表

铂电阻分度表见表 D-1。

表 D-1　　　　　　　　　　　Pt100 铂电阻分度表

温度 (℃)	电阻 (Ω)	温度 (℃)	电阻 (Ω)	温度 (℃)	电阻 (Ω)	温度 (℃)	电阻 (Ω)
−50	80.31	115	144.17	280	204.88	445	262.42
−45	82.29	120	146.06	285	206.67	450	264.11
−40	84.27	125	147.94	290	208.45	455	265.80
−35	86.25	130	149.82	295	210.24	460	267.49
−30	88.22	135	151.70	300	212.02	465	269.18
−25	90.19	140	153.58	305	213.80	470	270.86
−20	92.16	145	155.45	310	215.57	475	272.54
−15	94.12	150	157.31	315	217.35	480	274.22
−10	96.09	155	159.18	320	219.12	485	275.89
−5	98.04	160	161.04	325	220.88	490	277.56
0	100.00	165	162.90	330	222.65	495	279.23
5	101.95	170	164.76	335	224.41	500	280.90
10	103.90	175	166.61	340	226.17	505	282.56
15	105.85	180	168.46	245	227.92	510	284.22
20	107.79	185	170.31	350	229.67	515	285.87
25	109.73	190	172.16	355	231.42	520	287.53
30	111.67	195	174.00	360	233.17	525	289.18
35	113.61	200	175.84	365	234.91	530	290.83
40	115.54	205	177.68	370	236.65	535	292.47
45	117.47	210	179.51	375	238.39	540	294.11
50	119.40	215	181.34	380	240.13	545	295.75
55	121.32	220	183.17	385	241.86	550	297.39
60	123.24	225	184.99	390	243.59	555	299.02
65	125.16	230	186.82	395	245.31	560	300.65
70	127.07	235	188.63	400	247.04	565	302.28
75	128.98	240	190.45	405	248.76	570	303.91
80	130.89	245	192.26	410	250.48	575	305.53
85	132.80	250	194.07	415	252.19	580	307.15
90	134.70	255	195.88	420	253.90	585	308.76
95	136.60	260	197.69	425	255.61	590	310.38
100	138.50	265	199.49	430	257.32	595	311.99
105	140.39	270	201.29	435	259.02	600	313.59
110	142.29	275	203.08	440	260.72	605	315.20

参 考 文 献

[1] FLAKUS F N. Detecting and measuring ionizing radiation - a short history [J]. IAEA bulletin, 1982, 23 (4): 31 - 6.

[2] GRUPEN C, SHWARTZ B. Particle detectors [M]. Cambridge: Cambridge University Press, 2008.

[3] 陈伯显, 张智. 核辐射物理及探测学 [M]. 哈尔滨: 哈尔滨工程大学出版社. 2011.

[4] KNOLL G F. Radiation detection and measurement [M]. 4th ed. New Jersey: John Wiley & Sons, 2010.

[5] 丁洪林. 核辐射探测器 [M]. 哈尔滨: 哈尔滨工程大学出版社, 2010.

[6] 钱承耀, 赵福宇. 核反应堆仪表 [M]. 西安: 西安交通大学出版社. 1999.

[7] RIEGLER W. Electric fields, weighting fields, signals and charge diffusion in detectors including resistive materials [J]. Journal of Instrumentation, 2016, 11 (11): 11002.

[8] 杨戴博, 李昆, 韦文彬, 等. 自给能中子探测器在反应堆中子测量中的应用研究 [J]. 科技视界, 2021, 377 (07): 131 - 134.

[9] ANDERSON N A. Instrumentation for process measurement and control [M]. 3th ed. Boca Raton, Florida: CRC Press Inc, 1997.

[10] 郁有文, 常健, 程继红. 传感器原理及工程应用 [M]. 4 版. 西安: 西安电子科技大学出版社, 2018.

[11] 宋强, 张烨, 王瑞. 传感器原理与应用技术 [M]. 成都: 西南交通大学出版社, 2016.

[12] DUNN W C. Fundamentals of industrial instrumentation and process control [M]. Columbus, Ohio: McGraw - Hill Education, 2005.

[13] 李洁. 热工测量及控制 [M]. 上海: 上海交通大学出版社, 2010.

[14] 庞松涛. 压水堆核电厂过程控制系统 [M]. 北京: 中国电力出版社, 2014.

[15] 张建民. 压水堆核电厂控制 [M]. 北京: 原子能出版社, 2009.

[16] 郑福裕. 核电厂运行概论 [M]. 北京: 原子能出版社, 2010.

[17] 包家立, 王玺. 核动力反应堆压力容器差压式水位测量方法的现状 [J]. 自动化仪表, 1988, (07): 5 - 8＋49 - 50.

[18] 周星杰, 邓森, 李伯洋, 等. 反应堆温差法液位传感器的研究 [J]. 自动化与仪表, 2020, 35 (02): 80 - 83.

[19] 孙智超、朱陈洛、查美生. 压水堆核电厂堆芯水位探测器的研制和试验 [J]. 仪表技术, 2020, 379 (11): 5 - 8＋48.

[20] International Atomic Energy Agency. IAEA Nuclear Energy Series No. NP - T - 3. 12, Core knowledge on instrumentation and control systems in nuclear power plants [M]. 维也纳, 2011.

[21] 国际原子能机构安全标准丛书第 NS - G - 1. 3 号, 核动力厂安全重要仪表控制系统 [M]. 维也纳: 国际原子能机构. 2005.

[22] 夏虹, 曹欣荣, 董惠. 核工程检测仪表 [M]. 哈尔滨: 哈尔滨工程大学出版社, 2002.

[23] HARRER J M, BECKERLEY J G. Nuclear power reactor instrumentation systems handbook [M]. Springfield, Virginia: Office of Information Services U. S. Atomic Energy Commission, 1973.

[24] 刘国发, 郭文琪. 核电厂仪表与控制 [M]. 北京: 中国原子能出版社, 2010.

[25] 原子能出版社. 反应堆堆芯中子通量监测器及其应用 [M]. 北京: 中国原子能出版社, 1978.